I0886690

Wissenschaftliche Taschenbücher

WTB

Mathematik · Physik

Hans-Jürgen Treder

# Relativität und Kosmos

Akademie-Verlag · Berlin
Pergamon Press · Oxford
Vieweg + Sohn · Braunschweig

WTB

BAND 52

*Hans-Jürgen Treder*

# Relativität und Kosmos

## Raum und Zeit in Physik, Astronomie und Kosmologie

AKADEMIE-VERLAG · BERLIN

PERGAMON PRESS · OXFORD

VIEWEG & SOHN · BRAUNSCHWEIG

*Reihe* MATHEMATIK UND PHYSIK

**Herausgeber:**

**Prof. Dr. rer. nat. habil. G. Heber, Leipzig**
**Prof. Dr. phil. habil. W. Holzmüller, Leipzig**
**Prof. Dr. phil. habil. A. Lösche, Leipzig**
**Prof. Dr. phil. habil. H. Reichardt, Berlin**
**Prof. Dr. phil. habil. J. Schintlmeister, Dresden**
**Prof. Dr. phil. habil. K. Schröder, Berlin**
**Prof. Dr. phil. habil. K. Schröter, Berlin**

**Verantwortlicher Herausgeber dieses Bandes:**

*Prof. Dr. G. Heber*

**Verfasser:**

*Prof. Dr. H.-J. Treder*

**Direktor der Sternwarte Babelsberg, Institut für relativistische und extragalaktische Forschung (IREF) der Deutschen Akademie der Wissenschaften zu Berlin**

**2., berichtigte Auflage**
**1970**
**Copyright 1968 by Akademie-Verlag GmbH**
**Lizenznummer: 202 · 100/589/70**
**Gesamtherstellung: VEB Druckerei „Thomas Müntzer", 582 Bad Langensalza**
**Bestellnummer: Akademie-Verlag 7052 · ES 18 B 1, 18 D 1**
**Pergamon Press 08 003921 9**
**Vieweg & Sohn 6052**
**Printed in German Democratic Republic**

## Vorwort

Dieses Büchlein über die relativistische Theorie von Raum und Zeit und ihre Konsequenzen für Elementarteilchenphysik, Makrophysik und Kosmologie ist weder ein Ersatz für ein Lehrbuch der Relativitätstheorie noch eine Monographie zu Fragen der relativistischen Gravitationstheorie. Das Ziel des Büchleins ist vielmehr, ausgehend vom heutigen Stand der relativistischen Physik und insbesondere der EINSTEINschen Gravitationstheorie, diejenigen Ergebnisse und Probleme der physikalischen Theorie vom Raum und Zeit darzustellen, die nach Ansicht des Verfassers für das allgemeine physikalische Weltbild grundlegend sind. Hierbei werden vor allem auch die neuesten Entwicklungen von Gravitationstheorie und theoretischer Kosmologie nebst ihren Beziehungen zur Quantenphysik berührt, wobei der Verfasser bestrebt war, die neuen Fragestellungen aus dem Gesamtzusammenhang der relativistischen Physik verständlich zu machen. Besprochen werden jeweils die physikalischen Grundkonzeptionen, die auch bei zum Teil noch unklaren Konsequenzen der Beobachtungen (wie z. B. in der Kosmologie) als prinzipiell gesichert angesehen werden können.

In der Darstellung werden auch Ideen berührt, die mit den Möglichkeiten einer Weiterentwicklung der EINSTEINschen Gravitationstheorie zusammenhängen. Es soll gezeigt werden, daß alle diese neuen Konzeptionen (soweit sie physikalisch interessant sind) auf den grundlegenden EINSTEINschen Ideen fußen und, falls sich im Laufe der Entwicklung der Physik einige der neuen Ansätze als tragfähig erweisen sollten, dies ein weiterer Schritt auf dem von EINSTEIN eingeschlagenen Weg der Begründung einer physikalischen Theorie von Raum und Zeit sein würde.

Die Diskussion aller behandelten Fragen erfolgt von einem physikalischen Gesichtspunkt her und ist daher notwendig mit erkenntnistheoretischen Problemen gekoppelt. Dementsprechend sind die in dem Büchlein enthaltenen erkenntnistheoretischen Bemerkungen immer notwendige Bestandteile der physikalischen Diskussionen und keine willkürlichen Zutaten.

Meinem Freund OTTO SINGER danke ich herzlich für die Anregung zur Abfassung meines Büchleins und für seine Unterstützung bei der Endredaktion.

H.-J. TREDER

## Inhaltsverzeichnis

## 0. Einleitung

### Raum und Zeit in verschiedenen physikalischen Dimensionen

Die mathematischen Strukturen, die zur Beschreibung der physikalisch wesentlichen Eigenschaften von Raum und Zeit in die Physik einzuführen sind, hängen von der raumzeitlichen Größenordnung der betrachteten physikalischen Systeme ab. In der gewöhnlichen irdischen Physik (sowohl für die mikroskopischen als auch für die makroskopischen Bereiche) ist die geometrische Struktur von Raum und Zeit entsprechend der speziellen Relativitätstheorie EINSTEINS durch die LORENTZ-MINKOWSKIsche Raum-Zeit-Welt gegeben.

Geht man von den irdischen Maßstäben zu astronomischen Größenordnungen über, so ist die MINKOWSKIsche Raum-Zeit-Welt nur noch eine angenäherte Beschreibung der raumzeitlichen Verhältnisse. Mit wachsender Größenordnung der kosmischen Systeme wächst der Einfluß des Gravitationsfeldes auf die Strukturen Raum und Zeit, wie das die allgemeine Relativitätstheorie EINSTEINS beschreibt. Dementsprechend wird die Raum-Zeit-Struktur großer astronomischer Systeme durch vierdimensionale RIEMANN-EINSTEINsche Räume beschrieben. Die MINKOWSKI-Geometrie der speziellen Relativitätstheorie bleibt gültig für sehr kleine Bereiche, und die Abweichungen von der MINKOWSKI-Geometrie werden mit der raumzeitlichen Ausdehnung der Systeme immer größer.

Schließlich versucht die Kosmologie die Struktur und Geschichte des Universums im ganzen zu erfassen. Dies verlangt dann, daß die lokale geometrische Betrachtungsweise der RIEMANNschen Geometrie durch Untersuchungen der Globalstruktur von Raum und Zeit ergänzt wird, was qualitativ neue mathematisch-physikalische Fragestellungen und Behandlungsmethoden erfordert.

Es läßt sich also eine Hierarchie der Raum-Zeit-Vorstellungen in der Physik angeben. Diejenige Raum-Zeit-Mannigfaltigkeit, die die irdische mikroskopische und makroskopische Physik verwendet, ist die der speziell-relativistischen MINKOWSKI-Welt. Für die Behandlung von astronomischen Systemen, bei denen das Gravitationsfeld eine bedeutende Rolle spielt, ist eine RIEMANNsche Geometrie einzuführen, die in kleinen Bereichen mit der MINKOWSKI-Geometrie zusammen fällt. Schließlich verlangt die Kosmologie die Untersuchungen der Globalstruktur von vierdimensionalen Räumen, deren lokale Eigenschaften durch eine RIEMANN-EINSTEINsche Geometrie gegeben sind.

Es ist möglich, daß für sehr kleine raumzeitliche Abmessungen, wie sie in der Physik der Elementarteilchen auftreten, dieses allgemeine Schema noch zu ergänzen ist. Die Anwendbarkeit einer vollständigen raumzeitlichen Geometrie in der Physik scheint verknüpft zu sein mit der von weitreichenden Wechselwirkungen zwischen den Teilchen der Materie. Solche weitreichenden Wechselwirkungen werden außer durch das Gravitationsfeld noch durch das elektromagnetische Feld vermittelt. Die Form ihrer Kraftgesetze ist von der Geometrie des Raumes abhängig und spiegelt diese wider. Hingegen sind die starken Wechselwirkungen (die insbesondere für die Kräfte im Atomkern verantwortlich sind) nur dann wirksam, wenn anschaulich gesprochen die Elementarteilchen sich direkt berühren. Bei der mathematischen Behandlung solcher Wechselwirkungen wird also überhaupt nicht die Struktur eines ausgedehnten raumzeitlichen Bereiches eingehen, so daß die starken Wechselwirkungen sehr viel weniger von der Raum-Zeit-Struktur abhängen als die weiter reichenden Kräfte. Daher kann es durchaus sein, daß in der Elementarteilchen-Physik nicht alle Eigenschaften der MINKOWSKI-

Welt von Bedeutung sind, sondern nur einige ihrer geometrischen Strukturen.

Zu fordern ist hier aber, daß alle aus der Elementarteilchentheorie sich ergebenden makroskopischen Konsequenzen, insbesondere also auch das Verhalten der (notwendig makroskopischen) Meßanordnungen, mit der MINKOWSKIschen Raum-Zeit-Struktur verträglich sind. Dies gilt insbesondere für die später (Abschn. 1.4) behandelte EINSTEINsche Kausalität. Daher ist die relativistische Theorie von Raum und Zeit sicher auch für die Theorie der Elementarteilchen grundlegend – über die Theorie der schwachen Wechselwirkungen werden vermutlich aber sogar aus der Kosmologie Einsichten für die Elementarteilchen-Physik resultieren (s. Abschn. 3.4).

Wir werden ferner sehen (Abschn. 2.4), daß eine „Auflockerung" der Raum-Zeit-Konzeption gerade auch eine Konsequenz des Versuches ist, zu einer Synthese von Quantentheorie und Gravitationstheorie zu gelangen.

# 1. MINKOWSKI-Welt

Die MINKOWSKI-Welt ist die Raum-Zeit-Union der speziellen Relativitätstheorie. Sie ist das geometrische Abbild der von der speziellen Relativitätstheorie aufgezeigten LORENTZ-Invarianz aller physikalischen Grundgleichungen und des Kausalnexus der Ereignisse.

## 1.1. GALILEIsches Relativitätsprinzip und die Geometrie der GALILEI-NEWTONschen Raumzeit

Die peripatetische Physik kannte kein Relativitätsprinzip. ARISTOTELES schrieb dem Raum eine inhomogene Struktur zu derart, daß jeder Körper einen natürlichen Ort im Raum hatte, den er einzunehmen bestrebt ist. Die spezifisch schweren Körper streben zum Erdmittelpunkt (dem Zentrum des Aristotelischen Raumes), die spezifisch leichten Körper streben von diesem Zentrum weg, dem Rand des Kosmos zu, als welchen ARISTOTELES die Fixsternsphäre deutete. Ferner ging die peripatetische Dynamik von dem Aristotelischen Bewegungsaxiom aus, das besagt: *Ein kräftefreier Körper verharrt im Zustand der Ruhe. Die Geschwindigkeit* $V^i$ $(i = 1, 2, 3)$ *eines translatorisch bewegten Körpers ist der bewegenden Kraft* $K^i$ *direkt proportional.* Es gilt also eine Bewegungsgleichung von der Form

$$V^i = \frac{dx^i}{dt} = \frac{K^i}{W} \quad \begin{array}{l}(W - \text{Widerstand gegen}\\ \text{Ortsveränderung}).\end{array} \tag{1}$$

Die Entdeckung der Relativitätsprinzipien geschah in mehreren Schritten. Zunächst wurde im Gegensatz zur Aristotelischen Ansicht die Homogenität und Isotropie des physikalischen Raumes konstatiert. NIKOLAUS VON CUES bemerkte um 1450, daß die Lage des Weltmittelpunktes beliebig angenommen werden kann. Jeder Punkt des physikalischen Raumes ist ein Aristotelischer Weltmittelpunkt und jede Richtung eine Radialrichtung, woraus unmittelbar die Homogenität und Isotropie des Raumes gefolgert werden konnte. Diese Entdeckung fand ihre großartige kinematische Konsequenz im heliozentrischen Weltbild des KOPERNIKUS.

In seiner Argumentation gegen die peripatetischen physikalischen Argumente, mit denen PTOLOMÄUS das geozentrische Weltsystem stützte, beruft sich KOPERNIKUS auf die Relativität des Ortsbegriffes. Das Kopernikanische Weltsystem stützt sich also auf die Homogenität und Isotropie des physikalischen Raumes.

Damit läßt sich ein Relativitätsprinzip formulieren, das nach CUES und KOPERNIKUS benannt werden könnte:

*Ein physikalischer Körper läßt sich im dreidimensionalen Raum beliebig verlagern, d. h., er ist einer beliebigen Ortsveränderung fähig nud kann beliebig gedreht werden.* — Im dreidimensionalen Raum gibt es drei mögliche Translationen (in der $X$-, $Y$- und $Z$-Richtung) und drei mögliche Drehungen (um die $X$-, $Y$- und $Z$-Achse). Der physikalische Raum erlaubt demnach eine sechsparametrige Bewegungsgruppe (LIE-Gruppe). Dementsprechend müssen nach dem Cuesanisch-Kopernikanischen Relativitätsprinzip alle Gesetze der Physik symmetrisch in bezug auf alle Bewegungen im dreidimensionalen Raum sein, d. h., sie müssen invariant sein gegenüber Translationen und Drehungen der Körper, was durch die dreidimensionale Vektorschreibweise der Gesetze gewährleistet wird.

Auf ein neues Relativitätsprinzip als Folge neuer Symmetrieeigenschaften führte GALILEIS Entdeckung des Trägheitsgesetzes. GALILEI zeigte, daß im Gegensatz zur Behauptung des ARISTOTELES ein kräftefreier Körper entweder ruht oder sich im Zustand gleichförmig translatorischer Bewegung befindet. Erst eine Änderung von Betrag oder Richtung der Geschwindigkeit bedarf einer physikalischen Ursache. Diese Erkenntnis führt zu dem Bewegungsgesetz von NEWTON, welches lautet

$$m \frac{dv^i}{dt} = \frac{m\, d^2x^i}{dt^2} = K^i \tag{2}$$

($m$ — träge Masse = Widerstand gegen Geschwindigkeitsänderung).

Der wesentliche Unterschied zwischen dem peripatetischen (1) und dem GALILEI-NEWTONschen Bewegungsgesetz (2) ist, daß auf der linken Seite von (1) bei ARISTOTELES die ersten Ableitungen des Weges nach der Zeit, bei NEWTON aber die zweiten Ableitungen des Weges nach der Zeit eingehen. Im kräftefreien Fall (Trägheitsgesetz)

$$\frac{d^2x^i}{dt^2} = 0 \tag{3}$$

sieht man sofort, daß die Substitution (GALILEI-Transformation)

$$\bar{x}^i = x^i - v^i\, t\,, \qquad v^i = \text{const} \tag{4}$$

oder speziell für die $X$-Richtung

$$\bar{x} = x - v\,t\,, \qquad v = \text{const} \tag{4a}$$

keine Änderung des Gesetzes (3) mit sich bringt, das Trägheitsgesetz also invariant gegenüber diesen Transformationen ist. Das gleiche gilt für das NEWTONsche Bewegungsgesetz (2), wenn nur postuliert wird, daß die Kraft $K^i$ nicht von der Geschwindigkeit abhängt.

Somit besitzt nach GALILEI der Begriff der Translationsbewegung keinen absoluten Sinn. Einem Körper kann jede beliebige konstante Geschwindigkeit zugeschrieben werden. Erst die Relativ-Geschwindigkeit $v = v_{\mathrm{I}} - v_{\mathrm{II}}$ zweier Körper $m_{\mathrm{I}}$ und $m_{\mathrm{II}}$ zueinander ist physikalisch faßbar. Insbesondere gilt dies auch für die infinitesimale Differenz von Geschwindigkeiten

$$dv^i = \frac{dv^i}{dt}\,dt = \frac{d^2x^i}{dt^2}\,dt \tag{5}$$

und somit für die Beschleunigung $\frac{d^2x^i}{dt^2}$. — Nach GALILEI und NEWTON gilt also außer dem Cuesanisch-Kopernikanischen Prinzip ein weiteres Relativitätsprinzip, das die Relativität der Geschwindigkeit fordert. Auf Grund dieses Relativitätsprinzips müssen alle Gesetze der Physik invariant gegenüber den GALILEI-Transformationen (4) sein. Die GALILEI-Invarianz läßt sich aber nicht auf Symmetrien des dreidimensionalen physikalischen Raumes $V_3$ zurückführen.

Aus der GALILEI-Invarianz folgt, daß dem physikalischen Raum $V_3$ kein Bewegungszustand (auch nicht der der Ruhe) zugeschrieben werden kann. Es ist interessant zu vermerken, daß für die Gesetze der Bewegung von Wirbeln in der Hydromechanik formal nicht die GALILEI-NEWTONschen, sondern die Aristotelischen Bewegungsaxiome gelten. In der Tat existiert in der Wirbelmechanik ja ein absoluter Raum, nämlich das Medium, in dem die Wirbel bestehen und relativ zu dem sie sich bewegen (H. v. HELMHOLTZ).

Außer den GALILEI-Transformationen existiert noch eine weitere scheinbar triviale Transformation, gegenüber der die Gleichungen der Physik invariant sind und die sich ebenfalls nicht auf eine Symmetrie des physikalischen Raumes zurückführen läßt.

Der Nullpunkt der Zeit $t$ ist offenbar frei wählbar. Es besteht also Invarianz gegenüber der Substitution

$$\bar{t} = t + \text{const}\,. \tag{6}$$

Die klassische Mechanik enthält also zwei verschiedene Arten von Invarianzen: Erstens solche, die auf Symmetrien des dreidimensionalen physikalischen Raumes zurückführbar sind, und zweitens solche, bei denen es nicht der Fall ist. Die Existenz dieser weiteren Symmetrien kann als ein Hinweis auf die Vierdimensionalität des physikalischen Raumes aufgefaßt werden. In der Tat ist dies mathematisch streng beweisbar.

## 1.2. EINSTEINsches Relativitätsprinzip

Durch die Forschungen von FARADAY, MAXWELL und HERTZ entstand in der zweiten Hälfte des 19. Jh. eine neben der klassischen Mechanik bestehende und nicht auf sie zurückführbare physikalische Disziplin, die Feldphysik, in der Form der MAXWELLschen Theorie des elektromagnetischen Feldes. Die Grundgleichungen dieses Gebietes der Physik sind die MAXWELLschen Feldgleichungen

$$\operatorname{rot}\mathfrak{E} = \frac{\partial}{\partial t}\mathfrak{H}\,, \qquad \operatorname{rot}\mathfrak{H} = -\frac{\partial}{\partial t}\mathfrak{E}\,,$$

$$\operatorname{div}\mathfrak{H} = 0\,, \qquad \operatorname{div}\mathfrak{E} = 0\,.$$

Das Studium der mathematischen Eigenschaften dieser Gleichungen zeigt sofort, daß sie zunächst invariant sind gegenüber den klassischen Transformationen im dreidimensionalen Raum. Ein MAXWELLsches Feld kann also im dreidimensionalen Raum beliebig verschoben und verdreht werden, ohne seinen physikalischen Zustand zu ändern.

Ferner gilt auch für die MAXWELLschen Gleichungen ein Relativitätsprinzip in bezug auf die Geschwindigkeit. Jedoch ist die Symmetriegruppe, die dieses Relativitätsprinzip ausdrückt, von der GALILEIschen Gruppe verschieden. An Stelle der speziellen GALILEI-Gruppe (4a) tritt nämlich die spezielle LORENTZsche Gruppe[1])

$$\bar{x} = \frac{x - v\,t}{\sqrt{1 - \frac{v^2}{c^2}}}\,, \quad \bar{y} = y\,, \quad \bar{z} = z\,, \qquad (7)$$

$$\bar{t} = \frac{t - \frac{v}{c^2}\,x}{\sqrt{1 - \frac{v^2}{c^2}}} \quad (c \text{ — Lichtgeschwindigkeit})\,.$$

Man sieht, daß die Gruppe (7) nur im Grenzfall $v \to 0$ mit der GALILEI-Gruppe (4a) zusammenfällt. GALILEI- und LORENTZ-Gruppe haben also nur das identische Element gemeinsam. Somit muß jeder Versuch, die klassische Mechanik mit der MAXWELLschen Elektrodynamik zu verschmelzen, gegen das Prinzip der Relativität der Geschwindigkeit verstoßen. Bei allen Prozessen, bei denen Felder und Körper kombiniert auftreten, müßte die Geschwindigkeit im Widerspruch zum Relativitätsprinzip eine absolute Bedeutung haben.

Je nachdem ob man gewillt war, diese Situation zu akzeptieren oder nicht, bestanden also drei logische Möglichkeiten:

a) Das Relativitätsprinzip gilt nur für rein mechanische Prozesse einerseits und für rein elektromagnetische Vorgänge andererseits. Für die Kombination beider

[1]) Die MAXWELLschen Gleichungen sind auch gegenüber einer Verallgemeinerung der LORENTZ-Gruppe, der Gruppe der konformen Transformation, invariant. Doch hat diese weitgehende Invarianz keine physikalische Bedeutung, da sie *nur* den MAXWELLschen Gleichungen zukommt.

Vorgänge gilt kein Relativitätsprinzip. Es gibt absolute Geschwindigkeiten.

Dieser Verzicht auf Symmetrieeigenschaften wurde durch das Experiment widerlegt, indem eine Anzahl von Versuchen, deren erster der von MICHELSON ist, zeigten, daß es unmöglich ist, elektrodynamisch die Geschwindigkeit absolut zu bestimmen.

b) Das Prinzip der Relativität der Geschwindigkeiten ist gültig in der Form, daß eine Invarianz aller physikalischen Gesetze gegenüber der GALILEI-Gruppe besteht. Dann ist die MAXWELLsche Elektrodynamik wesentlich abzuändern. Diesen Standpunkt entwickelte im Jahre 1908—1909 (also nach EINSTEINS Formulierung der speziellen Relativitätstheorie) der Schweizer Mathematiker W. RITZ. Es ist RITZ nicht gelungen, auf Grund dieser Hypothese eine konsistente Theorie aufzubauen. Ein Ansatz hierfür war die sogenannte ballistische Lichttheorie, die empirisch aber unhaltbar ist.

c) Es gilt das Prinzip der Relativität der Geschwindigkeiten in dem Sinne, daß alle Gesetze der Physik invariant gegenüber der LORENTZschen Gruppe sind. Dann ist die klassische Mechanik entsprechend abzuändern.

Dies ist der Standpunkt, den EINSTEIN seiner speziellen Relativitätstheorie zugrunde legte. EINSTEIN gelang es mit Hilfe dieser Auffassung, eine konsistente Theorie, die spezielle Relativitätstheorie, zu entwickeln, die sich empirisch voll bewährt hat. Aber unabhängig von der erfahrungsgemäßen Bestätigung war EINSTEINS Auffassung von vornherein die theoretisch tiefere.

### 1.3. Die LORENTZ-Gruppe als Symmetriegruppe von Raum und Zeit

Die verschiedenen Invarianzgruppen der speziellen Relativitätstheorie (dreidimensionale Gruppe und spezielle LORENTZ-Gruppe) lassen sich zu einer vierdimensionalen Transformationsgruppe zusammenfassen, der

Gruppe der allgemeinen LORENTZ-Transformationen. Hierbei übernimmt der Ausdruck

$$x^0 = i\,c\,t \tag{8}$$

die Rolle der vierten Koordinate. Die allgemeine LORENTZ-Gruppe lautet dann[1])

$$\bar{x}^\nu = a^\nu_\mu\, x^\mu + b^\nu \quad \text{mit} \quad a^\nu_\mu\, a^\mu_\lambda = \delta^\nu_\lambda \qquad (a^\nu_\mu, b^\nu = \text{const})\,. \tag{9}$$

Somit ist es im Rahmen der speziellen Relativitätstheorie möglich, eine einheitliche Gruppe als Ausdruck aller Symmetrien von Raum und Zeit anzugeben.

Dies entspricht einem allgemeinen mathematischen Prinzip. Die Symmetrien eines Raumes $V_n$ mit beliebiger Dimensionszahl $n$ geben Anlaß zu einer Bewegungsgruppe, der LIE-Gruppe:

Diese Gruppe gibt alle möglichen Verlagerungen eines Körpers oder eines Feldes im $V_n$ (hier in der Raum-Zeit $V_4$) an, durch die der Körper (bzw. das Feld) nicht beeinflußt wird. Damit diese Unabhängigkeit von der Lagerung im $V_n$ in den physikalischen Gleichungssystemen zum Ausdruck kommt, die das Verhalten der Körper der Felder mathematisch beschreiben, müssen die Gleichungssysteme invariant gegenüber der LIE-Gruppe sein. Im Fall der Raum-Zeit der speziellen Relativitätstheorie muß also Invarianz der physikalischen Gleichungssysteme gegenüber der LORENTZ-Gruppe (9) bestehen.

Die Parameterzahl der LIE-Gruppe ist gleich der Zahl der unabhängigen Symmetrien des $V_n$: die höchstmögliche Parameterzahl $N$ ergibt sich, wenn die Körper im $V_n$ beliebig gedreht und verschoben werden können. Die Maximalzahl $N_D$ der möglichen Drehungen in einem $V_n$ beträgt

$$N_D = \frac{n\,(n-1)}{2}\,,$$

[1]) Nach EINSTEIN soll hier über gleiche Indizes summiert werden. $\delta^\nu_\mu$ ist das KRONECKER-Symbol.

und die Maximalzahl der möglichen Verschiebungen $N$ ist gleich der Dimensionszahl $n$:

$$N_T = n \, .$$

Somit beträgt die Parameterzahl der LIE-Gruppe eines vollständig symmetrischen $V_n$

$$N = n + \frac{n(n-1)}{2} = n\,\frac{n+1}{2} \, . \qquad (10)$$

Für die vierdimensionale Raum-Zeit $V_4$ ist $N = 10$. Dies ist nach (9) die Zahl der unabhängigen Konstanten $a^{\nu}_{\mu}$, $b^{\nu}$ in der LORENTZ-Gruppe. Die speziell-relativistische Raum-Zeit ist daher maximal symmetrisch.

Die einfachste mathematische Methode für die Herleitung invarianter physikalischer Gleichungen ist, von einem invarianten Variationsprinzip auszugehen. Die Invarianz des Variationsprinzips in bezug auf eine bestimmte Transformationsgruppe ist hinreichend dafür, daß die aus diesem Wirkungsprinzip hergeleiteten Gleichungen ebenfalls invariant in bezug auf diese Gruppe sind. – Nach einem 1918 von E. NOETHER bewiesenen Satz der Variationsrechnung folgt aus der Invarianz eines Wirkungsprinzips gegenüber einer kontinuierlichen Gruppe (wie es die LORENTZ-Gruppe ist) die Existenz von differentiellen Identitäten, deren Anzahl gleich der Parameterzahl der Gruppe ist.

In der speziellen Relativitätstheorie geht man nun von einem LORENTZ-invarianten Variationsprinzip zur Herleitung der physikalischen Gleichungen aus, um so die Relativitätsprinzipien zu befriedigen, daher ergeben sich 10 Differential-Identitäten. Diese Differential-Identitäten drücken mathematisch die Erhaltung von 10 Größen aus, und zwar in differentieller Form. Um aus diesen differentiellen Erhaltungssätzen einen integralen Erhaltungssatz herleiten zu können, d. h. Sätze, die die zeitliche Konstanz von physikalisch meßbaren Größen behaupten, müssen sie in Integralsätze umgeformt werden können. Existieren die entsprechenden Integrale, so folgt aus den Erhaltungssätzen zweierlei:

1. Die Integrale haben einen physikalischen Sinn, indem ihre Werte unabhängig von der speziell gewählten Darstellung sind, und

2. die durch die Integrale charakterisierten physikalischen Größen sind zeitlich konstant, bleiben also erhalten.

Die 10 NOETHERschen Identitäten, die dem speziellen Relativitätsprinzip entsprechen, führen so zu den Erhaltungssätzen für Energie, Impuls, Drehimpuls und Schwerpunkt.

### 1.4. Die geometrische Struktur der MINKOWSKI-Welt als Struktur des Kausalnexus

Die fundamentale Invariante der LORENTZ-Transformationen ist der vierdimensionale Abstand $\Delta s$ zweier raum-zeitlicher Ereignisse $P^1$ und $P^2$. Solche raumzeitlichen Ereignisse werden nach H. MINKOWSKI Weltpunkte genannt; sie entsprechen einem Punkt des dreidimensionalen Raumes zu einer bestimmten Zeit. Die Invariante lautet

$$(\Delta x^1)^2 + (\Delta x^2)^2 + (\Delta x^3)^2 - (\Delta x^0)^2 = (\Delta s)^2$$
$$= \eta_{\mu\nu}\, \Delta x^\mu\, \Delta x^\nu\,.\text{[1]} \qquad (11)$$

(11) ist eine vierdimensionale Verallgemeinerung des dreidimensionalen euklidischen Abstandes zweier Punkte des gewöhnlichen Raumes

$$(\Delta x^1)^2 + (\Delta x^2)^2 + (\Delta x^3)^2 = (\Delta s)^2\,. \qquad (11\text{a})$$

---

[1]) Die griechischen Indizes $\mu, \nu$ laufen von 0 bis 3. — $\eta_{\mu\nu} = \begin{pmatrix} 1 & & & 0 \\ & 1 & & \\ & & 1 & \\ 0 & & & -1 \end{pmatrix}$ ist der MINKOWSKIsche metrische Tensor der Raum-Zeit-Welt $V_4$ ($x^0 = i\,c\,t$). — Das Gesamtvorzeichen des metrischen Tensors ist konventionell. In der Kosmologie (und oft auch in der allgemeinen Relativitätstheorie) wird die entgegengesetzte Vorzeichenwahl (d. i. die Substitution $ds^2 \to -ds^2$) getroffen (siehe unten Fußnote [1]) auf S. 67).

Der Abstand zwischen zwei Weltpunkten unterscheidet sich jedoch von einer Entfernung in einem euklidischen vierdimensionalen Raum, welche lauten würde

$$(\Delta x^1)^2 + (\Delta x^2)^2 + (\Delta x^3)^2 + (\Delta x^0)^2 = (\Delta s)^2 = \delta_{\mu\nu}\, \Delta x^\mu\, \Delta x^\nu\,. \tag{11b}$$

In einem euklidischen vierdimensionalen Raum haben alle Koordinatendifferenzquadrate dasselbe positive Vorzeichen. Hingegen geht in der Raum-Zeit-Welt von MINKOWSKI das Zeitkoordinaten-Quadrat mit negativem Vorzeichen ein.

Während in einem euklidischen Raum das Quadrat des Abstandes zweier verschiedener Punkte $P^1$ und $P^2$ stets größer als Null ist, kann es in der MINKOWSKI-Welt auch kleiner oder gleich Null sein. Die Raum-Zeit-Union der Relativitätstheorie besitzt also keine euklidische Maßbestimmung. Vielmehr ist die Maßbestimmung die vierdimensionale Verallgemeinerung der pseudo-euklidischen Geometrie. Dies ist der mathematische Ausdruck dafür, daß die Zeitkoordinate eine andere Qualität als die 3 Raumkoordinaten besitzt.

Während in einem euklidischen Raum alle transformationsinvarianten partiellen Differentialgleichungen vom elliptischen Typ sind, haben in der MINKOWSKI-Welt die LORENTZ-invarianten partiellen Differentialgleichungen hyperbolischen Charakter.

Elliptische Differentialgleichungen bestimmen einen stationären Zustand. In einem Raum von euklidischer Maßbestimmung können also keine physikalischen Prozesse stattfinden. Dagegen bestimmen hyperbolische Gleichungen den Ablauf von Ereignissen und die Fortpflanzung von Wirkungen. Die MINKOWSKI-Welt ist die Welt der physikalischen Prozesse.

Betrachtet man für irgendeinen Weltpunkt $P$ (mit $x^\nu = 0$) des MINKOWSKI-Raumes (d. h. für irgendein Ereignis) sämtliche Ereignisse, die auf $P$ einwirken können oder auf die von $P$ eine Wirkung ausgeht, so definiert die erste Gruppe von Ereignissen einen Halbkegel (passiver Kegel)

$$(x^1)^2 + (x^2)^2 + (x^3)^2 - (x^0)^2 \leqq 0\,, \quad x^0 < 0\,. \tag{12a}$$

Die zweite Gruppe von Ereignissen definiert den Halbkegel (aktiver Kegel)

$$(x^1)^2 + (x^2)^2 + (x^3)^2 - (x^0)^2 \leqq 0\,, \quad x^0 > 0\,, \tag{12b}$$

so daß alle Ereignisse, mit denen $P$ in einem Kausal-Zusammenhang steht, einen vollen Kegel, den MINKOWSKIschen Kausalitätskegel, bilden, dessen Vertex $P$ ist. Der Kegelmantel

$$(x^1)^2 + (x^2)^2 + (x^3)^2 - (x^0)^2 = 0 \tag{13}$$

entspricht den Wirkungen, die sich mit der Lichtgeschwindigkeit $c$ fortpflanzen.

Im Gegensatz zu allen Geschwindigkeiten, die kleiner als die Lichtgeschwindigkeit sind und die nur relative Bedeutung haben, ist die Lichtgeschwindigkeit $c$ nach (13) eine LORENTZ-Invariante, hat also absoluten Charakter. Dies führt sofort auf EINSTEINS Prinzip von der Konstanz der Lichtgeschwindigkeit, nach dem die Geschwindigkeit des Lichts in bezug auf jeden beliebigen Körper immer den Betrag $c$ hat.

Das EINSTEINsche Kausalitätsprinzip besagt weiter, daß es keine Wirkungen gibt, die sich schneller als mit Lichtgeschwindigkeit fortpflanzen. Daher besteht zwischen $P$ und allen Weltpunkten $P'$, die der Ungleichung

$$(x^1)^2 + (x^2)^2 + (x^3)^2 - (x^0)^2 > 0 \tag{14}$$

genügen, keinerlei Kausalbeziehung. Die Ungleichung (14) bestimmt das Äußere des MINKOWSKIschen Kegels. Ein Kausalnexus zwischen einem Punkt $P'$ dieses Außengebietes und $P$ würde eine Bewegung mit über Lichtgeschwindigkeit entsprechen. Die Ereignisse $P'$, die der Ungleichung (14) genügen, haben, wie A. ROBB betonte, keine zeitliche Ordnung in bezug auf $P$. Durch eine geeignete LORENTZ-Transformation kann ein beliebiges Ereignis des Außengebietes — und nur ein solches — dieselbe Zeit $x^0 = 0$ wie $P$ selbst zugeschrieben werden (EINSTEINS Definition der Gleichzeitigkeit).

Die spezielle Relativitätstheorie und insbesondere das EINSTEINsche Kausalitätsprinzip identifizieren die Struktur der MINKOWSKI-Welt mit der Struktur des Kausal-Zusammenhangs von physikalischen Ereignissen. Die Geometrie der MINKOWSKI-Welt ist identisch mit der Struktur des Kausalnexus, der zwischen physikalischen Ereignissen besteht. (Diese Bedeutung des MINKOWSKI-Raumes stellt z. B. A. D. ALEXANDROW in den Mittelpunkt seiner Axiomatik der speziellen Relativitätstheorie.)

Hätte die Lichtgeschwindigkeit $c$ keinen endlichen Betrag, sondern würde sie unendlich sein, gelte also $c \to \infty$, so würde die spezielle LORENTZ-Transformation in die GALILEI-Transformation entarten. Gleichzeitig entartet dann auch die durch die EINSTEINschen Prinzipien bestimmte Kausalstruktur der Ereignisse und somit auch die Geometrie der Raum-Zeit-Union. Für $c \to \infty$ besteht ein Kausalnexus zwischen allen Ereignissen, d. h. allen Weltpunkten. Das Außengebiet des Kausalitätskegels verschwindet also, der Kegelmantel durch $P$ fällt mit dem gewöhnlichen dreidimensionalen Raum $x^0 = 0$ von $P$ zusammen und entspricht einer Wirkungsausbreitung mit unendlich großer Lichtgeschwindigkeit.

Der Raum der klassischen Mechanik des GALILEIschen Relativitätsprinzip ist also der Entartungsfall der speziell-relativistischen MINKOWSKI-Welt und besitzt geometrisch eine singuläre Struktur, die durch das klassische Relativitätsprinzip von GALILEI definiert wird (K. FRIEDRICHS, 1927).

## 2. Der RIEMANN-EINSTEINsche Raum

### 2.1. Gravitationstheorie und Astronomie

Die dynamischen Verhältnisse aller kosmischen Systeme (anfangend mit der Dynamik der Satelliten um einen Planeten, über die Dynamik des Sonnensystems, der Doppel- und Mehrfach-Sterne, der Assoziationen und Sternhaufen bis zur Dynamik des Milchstraßensystems und anderer Galaxien, der Haufen von Galaxien und schließlich der Metagalaxis) werden durch die gravische Wechselwirkung zwischen den Gliedern dieser Systeme bestimmt. Auch die Struktur der verschiedenen Himmelskörper wird wesentlich durch ihr eigenes Schwerefeld bedingt. Diese überragende Bedeutung der Gravitation im Kosmos steht im Gegensatz zu der völlig untergeordneten Rolle, die die gravische Wechselwirkung im atomaren und subatomaren Bereich und somit für die Struktur der Materie spielt. Die Kräfte, die im Atomkern zwischen den Nukleonen wirken, sowie die elektrische Kraft zwischen dem Atomkern und den Elektronen der Atomschale sind $10^{40}$ bis $10^{36}$ mal größer als die zwischen den Elementarteilchen wirkende Gravitationskraft. Jedoch sind die starken Kernkräfte ausgesprochene Nahwirkungskräfte, indem sie nur in unmittelbarem Kontakt zwischen den Elementarteilchen wirksam werden, so daß ihr Wirkungsradius $10^{-13}$ bis $10^{-12}$ cm beträgt. Sie haben daher außerhalb des Atomkerns keine Wirksamkeit. Hingegen wird der Verlauf der elektrischen Kraft durch das COULOMBsche Gesetz $\mathfrak{K} = \frac{Q_1 Q_2}{r^2} \cdot \frac{\mathfrak{r}}{r}$ bestimmt, das dieselbe Form hat wie das NEWTONsche Gravitationsgesetz. Jedoch fehlt den elektromagnetischen Wechselwirkungen die Universalität der Gravitation. Es gibt elektrisch positiv und negativ geladene, sowie neutrale Elementarteilchen; ein makroskopischer Körper ist im allgemeinen entweder neutral oder trägt nur eine kleine elektrische Ladung. Die auf die träge Masse $m$ bezogene elektrische Ladung $Q$ eines Körpers, seine spezifische elektrische Ladung $\frac{Q}{m}$, ist für makroskopische Körper meist sehr klein oder Null, d. h., bei den verschiedenen Körpern besitzt $\frac{Q}{m}$ unterschiedliche Werte $\gtreqless 0$.

Hingegen ist die Gravitation eine weitreichende Kraft – entsprechend dem NEWTONschen Gravitationsgesetz –

$$\mathfrak{K} = -\frac{M_1 M_2}{r^2}\frac{\mathfrak{r}}{r}$$ (mit den Gravitationsladungen $M$ der Körper)

und universeller Natur. Es gibt nur Quellen und keine Senken des Gravitationsfeldes und daher nur eine Art von „Gravitationsladungen".

Seit den Fallversuchen von GALILEI (um 1600) wurde mit wechselnder Genauigkeit von NEWTON (um 1680), dem Astronomen F. W. BESSEL (um 1840) und dem Geophysiker R. v. EÖTVÖS (um 1900) experimentell nachgewiesen, daß die massenspezifische gravische Ladung $\frac{M}{m}$ eine universelle Konstante ist, also für jedes Teilchen und für jeden makroskopischen Körper denselben Wert hat. Je nach Wahl des Einheitensystems kann diese massenspezifische Ladung gesetzt werden: $\frac{M}{m} = 1$ (Verwendung der astronomischen Masseneinheit) oder (in physikalischen Einheiten)

$$\frac{M}{m} = \sqrt{f}\,.$$

Hierbei ist dann $f$ die NEWTONsche Gravitationskonstante:

$$f = 6{,}67 \cdot 10^{-8}\,\mathrm{dyn\,cm^2\,g^{-2}}\,,$$

so daß im NEWTONschen Gravitationsgesetz an Stelle der Gravitationsladungen $M$ ihre trägen Massen $m$ eingeführt werden können, und das Gesetz somit lautet:

$$\mathfrak{K} = -f\frac{m_1 m_2}{r^2}\frac{\mathfrak{r}}{r}\,.$$

Die NEWTONsche Gravitationstheorie ist die erste große Synthese von Ergebnissen der irdischen Experimentalphysik mit den Entdeckungen der Astronomie.

NEWTON vereinigte in seiner Gravitationstheorie die Fallversuche von GALILEI mit den KEPLERschen Gesetzen der Planetenbewegung und zeigte, daß die GALILEIsche Schwerebeschleunigung $\mathfrak{g}$ genau so wie die in den KEPLERschen Gesetzen implizit enthaltene Zentripetalbeschleunigung spezielle Formen eines universellen Gravitationsfeldes sind. Der grundlegende Fortschritt der NEWTONschen Gravitationstheorie ist die Universalität seines Gravitationsgesetzes. Während die KEPLERschen Gesetze das Ein- und Zweikörperproblem der Himmelsmechanik lösen, ermöglicht die NEWTONsche Theorie die Behandlung der gravischen Wechselwirkung zwischen beliebig vielen Körpern. Sie ermöglicht damit den Aufbau der Himmelsmechanik mit der astronomischen Störungstheorie und über diese die Bestimmung der relativen gravischen Ladungen $M$ und somit auch der Massen $m$ der Himmelskörper. Die absolute Massenbestimmung war wiederum das Ergebnis von Laboratoriumsversuchen zur Bestimmung der NEWTONschen Gravitationskonstante $f$, die H. CAVENDISH um 1800 durchführte.

Die Astronomie des 18. und 19. Jahrhunderts bewies durch ihre Beobachtungen und mathematischen Untersuchungen die tatsächliche Universalität des NEWTONschen Gravitationsgesetzes. Sie bestätigte die Gültigkeit dieses Gesetzes nicht nur im Sonnensystem, sondern auch für die gravischen Wechselwirkungen zwischen den Sternen.

Die Grenzen der Gültigkeit der NEWTONschen Gravitationstheorie wurden erst zu Beginn dieses Jahrhunderts durch die Relativitätstheorie EINSTEINS aufgezeigt, die die NEWTONsche Gravitationstheorie als Grenzfall für schwache Gravitationsfelder und gegenüber der Lichtgeschwindigkeit $c$ kleine Relativgeschwindigkeiten $v$ der Himmelskörper enthält. Die EINSTEINsche Gravitationstheorie ermöglicht eine noch weitergehende Untersuchung der Bedeutung der Gravitation für die Dynamik des Kosmos, indem sie die Identität der physikalischen Struktur des Gravitationsfeldes mit der metrischen Struktur von Raum und Zeit nachwies und damit die Grundlagen für eine theoretische Kosmologie legte. Die EINSTEINsche Gravitationstheorie gibt aber gleichzeitig auch quantitative Verbesserungen der NEWTONschen Himmelsmechanik des Planetensystems usw., die heute wegen der durch neue astronomische Meß- und Auswertungsmethoden (Radarmessungen, Benutzung elektronischer Rechenmaschinen, Satellitenbeobachtungen) größenordnungsmäßig gesteigerten Genauigkeiten wichtig werden.

Die allgemeine Relativitätstheorie fußt auf der von der speziellen Relativitätstheorie aufgezeigten universellen Konstanz der Lichtgeschwindigkeit $c$ als absoluter Maximalgeschwindigkeit und auf der in der NEWTONschen Theorie zwar benutzten aber nicht erklärten Universalität der massenspezifischen Gravitationsladung. Durch Gedankenexperimente demonstrierte EINSTEIN, daß diese Universalität der massenspezifischen Ladung die lokale Ununterscheidbarkeit der gravitativen Kräfte von den Trägheits- oder Scheinkräften mit sich bringt. Aus der relativistischen Auffassung von Raum und Zeit folgt nun, daß die Trägheitskräfte mathematisch krummlinigen raum-zeitlichen Koordinatensystemen entsprechen und somit einer von den Raum-Zeit-Koordinaten abhängigen Metrik der vierdimensionalen Raum-Zeit-Welt. Wegen der lokalen Ununterscheidbarkeit von Schwere und Trägheit muß dieselbe Metrik dann auch die Gravitationskräfte erfassen, so daß EINSTEIN zu einer geometrischen Gravitationstheorie gelangte, die die ebene Raum-Zeit-Welt der speziellen Relativitätstheorie zu einer gekrümmten RIEMANNschen Raum-Zeit erweiterte.

Für die neuesten Entwicklungen z. B. der Radar-Astronomie wird die geometrische Natur der EINSTEINschen Gravitationstheorie besonders wichtig. In einem nichteuklidischen Raum und unter Verwendung einer nicht-NEWTONschen Zeit (beides sind Folgen der RIE-

MANN-EINSTEINschen Raum-Zeit-Auffassung) sind durch verschiedene Meßanordnungen meßbare Größen, die im euklidischen Raum und in der NEWTONschen Zeit zusammen fallen, nicht mehr notwendig dieselben Größen; die komplexere Struktur der RIEMANN-EINSTEINschen Raum-Zeit bewirkt eine Aufspaltung einiger euklidischer und NEWTONscher Größen. Daher werden z. B. — bei genügend hoher Meßgenauigkeit — auf verschiedenem Wege erfolgende astronomische Entfernungsmessungen nicht immer zu denselben Ergebnissen führen, weil hier zwar dieselben euklidischen Abstände aber verschiedene Strecken der RIEMANN-EINSTEINschen Raum-Zeit ausgemessen werden. Kombiniert man, ohne dies zu berücksichtigen, verschiedene astronomische Entfernungsmessungen mit den Gesetzen der Himmelsmechanik, so kann man zu einem scheinbaren Widerspruch dieser Gesetze mit den Beobachtungen kommen, der sich dann aufklärt, wenn man die geschilderten Abweichungen von den euklidischen Verhältnissen berücksichtigt.

Außerdem gibt es noch eine Anzahl kleinerer relativistischer Effekte, die in der jetzt beginnenden Epoche der Himmelsmechanik bedeutsam werden und damit zusammenhängen, daß im Gegensatz zur NEWTONschen Gravitationstheorie die geometrische Theorie von EINSTEIN das Gravitationspotential nicht durch 1, sondern durch 10 Größen beschreibt, das Gravitationsfeld nach EINSTEIN also eine weit reichhaltigere Struktur besitzt als gemäß der NEWTONschen Theorie.

Die Raum-Zeit-Welt der allgemeinen Relativitätstheorie entsteht also aus der Raum-Zeit-Welt der speziellen Relativitätstheorie, indem der ebene MINKOWSKI-Raum durch einen RIEMANNschen Raum $V_4$ ersetzt wird, der im Infinitesimalen MINKOWSKIsche Struktur hat. Dieser RIEMANNsche Raum besitzt immer weniger Symmetrien als die MINKOWSKI-Welt und ist im allgemeinen völlig unsymmetrisch.

## 2.2. Trägheits- und Gravitationskräfte

Das Trägheitsprinzip der speziellen Relativitätstheorie

$$m \frac{d^2 x^\nu}{ds^2} = 0 \tag{1}$$

gilt in dieser Form nur bei ausschließlicher Zulassung von cartesischen Koordinaten. Die Form von (1) ist daher nur invariant gegenüber LORENTZ-Transformationen, die den Übergang von einem Bezugssystem $\Sigma$ zu einem anderen gleichförmig translatorisch zum ersten bewegten System $\bar{\Sigma}$ beschreiben. Die Menge aller Bezugssysteme, die aus einem Bezugssystem, in dem das Trägheitsgesetz (1) gilt, durch LORENTZ-Transformationen entstehen, bildet die Menge der Inertialsysteme. Da in der speziellen Relativitätstheorie nur LORENTZ-Invarianz gefordert wird, gelten alle Gesetze der speziellen Relativitätstheorie nur in solchen inertialen Systemen.

Geht man von einem inertialen zu einem nichtinertialen Bezugssystem über, d. h. zu einem Bezugssystem $\Sigma'$, das gegenüber einem inertialen System $\Sigma$ beschleunigt ist, so treten zusätzliche Trägheitskräfte auf, für die weder die klassische Mechanik noch die spezielle Relativitätstheorie eine physikalische Ursache angeben können.

Die spezielle Relativitätstheorie ist also in ihrer Gültigkeit zunächst auf inertiale Bezugssysteme beschränkt. Im Rahmen des Formalismus der speziellen Relativitätstheorie ist aber der Übergang von einem inertialen zu einem nichtinertialen Bezugssystem weiter nichts als die Ausführung einer Koordinatentransformation, bei der die neuen räumlichen Koordinaten von der alten Zeitkoordinate abhängen: $x^{i'} = x^{i'}(x, t)$. Das konkrete Beschleunigungsgesetz bestimmt die konkrete Abhängigkeit der neuen räumlichen Koordinaten von der Zeit. EINSTEIN formulierte daher die Gesetze der Relativitätstheorie so, daß sie nicht nur in speziellen

Koordinaten gelten, sondern unabhängig vom Koordinatensystem sind. Diese Forderung der allgemein kovarianten Schreibweise der physikalischen Gesetze ist mit Hilfe des Tensor-Kalküls ohne weiteres zu erfüllen.

Nach dem allgemeinen Relativitätsprinzip besteht Invarianz der physikalischen Gesetze gegenüber beliebigen Koordinatentransformationen (allgemeine Kovarianz der physikalischen Gesetze):

$$x'^{\nu} = x'^{\nu}(x^{\mu}) \,.\,^{1)} \tag{2}$$

Derartig formulierte Gesetze gelten per Definition auch in nichtinertialen Bezugssystemen, so daß die zusätzliche Einführung von Trägheitskräften beim Übergang von inertialen zu nichtinertialen Bezugssystemen entfällt.

Das Trägheitsgesetz (1) der speziellen Relativitätstheorie schreibt sich in allgemein kovarianter Form

$$\frac{d^2x^\mu}{ds^2} + \Gamma^\mu_{\nu\lambda}\frac{dx^\nu}{ds}\frac{dx^\lambda}{ds} = 0\,, \tag{3}$$

und die allgemeinen Bewegungsgleichungen der Relativitätstheorie lauten

$$m\frac{d^2x^\mu}{ds^2} + m\,\Gamma^\mu_{\nu\lambda}\frac{dx^\nu}{ds}\frac{dx^\lambda}{ds} = K^\mu\,. \tag{4}$$

In diesen Gleichungen entspricht der Term

$$m\,\Gamma^\mu_{\nu\lambda}\frac{dx^\nu}{ds}\frac{dx^\lambda}{ds} \tag{4a}$$

der Wahl der das Bezugssystem charakterisierenden Scheinkraft. In einem inertialen Bezugssystem ist (4a) Null. Der Übergang von einem inertialen (mit den Koordinaten $y^\lambda$) zu einem nichtinertialen Bezugssystem (mit den Koordinaten $x^\nu$) ist durch

$$\Gamma^\mu_{\nu\lambda} = \frac{\partial^2 y^\alpha}{\partial x^\nu\,\partial x^\lambda}\frac{\partial x^\mu}{\partial y^\alpha} \tag{5}$$

gegeben.

[1]) Die LORENTZ-Transformation ist ein Spezialfall der Transformationen (2), die gerade dem Übergang zwischen zwei unbeschleunigt zueinander bewegten Systemen entsprechen.

Die charakteristische Invariante in bezug auf die allgemeine Koordinatentransformation ist das Längendifferential, d. h. der Abstand zwischen zwei unendlich benachbarten Weltpunkten:

$$ds^2 = g_{\mu\nu}\, dx^\mu\, dx^\nu\,. \tag{6}$$

Im Falle des MINKOWSKI-Raumes der speziellen Relativitätstheorie ist der metrische Tensor $g_{\mu\nu} = g_{\nu\mu}$ einfach durch

$$g_{\mu\nu} = \eta_{\alpha\beta} \frac{\partial y^\alpha}{\partial x^\mu} \frac{\partial y^\beta}{\partial x^\nu} \tag{6a}$$

gegeben, aber die Invarianz der Form des Längendifferentials bleibt natürlich gegenüber allen Transformationen auch dann bestehen, wenn die 10 Größen $g_{\mu\nu} = g_{\mu\nu}(x^\lambda)$ beliebige Funktionen der Koordinaten sind. Ein solch allgemeines Längendifferential (6) ist dasjenige eines vierdimensionalen RIEMANNschen Raumes, so daß es vom Standpunkt der Transformationseigenschaften unnatürlich ist, sich auf die MINKOWSKI-Welt zu beschränken.

EINSTEIN zeigte nun, daß die Notwendigkeit der Einführung des RIEMANNschen Raumes $V_4$ als physikalische Raum-Zeit-Welt aus der Äquivalenz der schweren und trägen Masse folgt. – In die klassische Mechanik geht die Masse in zweierlei Bedeutung ein, einmal als Widerstand gegenüber der Beschleunigung, also als Trägheitswiderstand gemäß dem NEWTONschen Bewegungsgesetz, und zweitens gemäß dem NEWTONschen Gravitationsgesetz als gravische Ladung eines Körpers. Bereits GALILEI und NEWTON hatten aber konstatiert, daß der Trägheitswiderstand, also die träge Masse $m_I$, und die gravische Ladung, die schwere Masse $m_g$, eines Körpers einander stets proportional sind und daß der Proportionalfaktor universell und unabhängig vom physikalischen und chemischen Zustand der Körper ist. Der Proportionalfaktor kann ohne weiteres gleich 1 gesetzt werden: Träge und schwere Masse sind miteinander identisch:

$$m_I = m_g = m \,. \tag{7}$$

Wie in Abschn. 1.1 ausgeführt, gehört dieses Gesetz zu den experimentell am besten bestätigten der Physik. Es ist das empirische Fundament der allgemeinen Relativitätstheorie. Die allgemeine Relativitätstheorie ist die einzige Theorie, die dieses Gesetz deuten kann. Andererseits würde die geringste empirisch festgestellte Abweichung von dieser universellen Proportionalität von Trägheit und Schwere das Fundament der allgemeinen Relativitätstheorie erschüttern[1]).

Da die Trägheitskräfte gemäß (4a) in der Relativitätstheorie die allgemeine Form

$$- m\, \Gamma^{\alpha}_{\mu\nu} \frac{dx^{\mu}}{ds} \frac{dx^{\nu}}{ds} \tag{8}$$

haben, so bedeutet die universelle Äquivalenz von Trägheit und Schwere, daß auch die allgemeine Form der auf einen Körper wirkenden Gravitationskraft durch denselben Ausdruck (8) gegeben sein muß. Durch örtlichen Übergang zu einem Inertialsystem kann die Trägheitskraft eliminiert werden. Durch Gedankenexperimente (Einsteinscher Lift) wies Einstein nach, daß für einen beliebigen Weltpunkt $P$ auch bei Anwesenheit eines Gravitationsfeldes auf Grund der Äquivalenz zwischen Trägheit und Schwere (7) die gravische Kraft forttransformiert werden kann. Dann kompensieren sich an $P$ gravische und Trägheitskräfte. Mathematisch ist dies eine Folge der Struktur (8) der gravischen Kraft.

Somit gilt das Einsteinsche Äquivalenzprinzip, das besagt: Trägheits- und gravische Kräfte sind an einem Weltpunkt $P$ nicht voneinander unterscheidbar. Die Feldstärke beider Felder ist durch das Christoffelsche

---

[1]) Auch für die „Antimaterie" muß (7) gelten; experimentell folgt dies nach Schiff aus den Eötvös-Dickeschen Versuchen mit der Drehwaage mit einer Genauigkeit von circa 1%.

Drei-Index-Symbol

$$\Gamma^{\lambda}_{\mu\nu} = \frac{1}{2} g^{\lambda\tau} (- \partial_\tau g_{\mu\nu} + \partial_\mu g_{\nu\tau} + \partial_\nu g_{\tau\mu}) \tag{9}$$

gegeben. Der metrische Fundamentaltensor $g_{\mu\nu}$ ist das Potential sowohl für das gravische als auch für das Trägheitsfeld. Die Aufspaltung in Gravitation und Trägheit ist an einem Weltpunkt $P$ völlig willkürlich.

Wird das Bezugssystem an $P$ so gewählt, daß sich Trägheits- und gravische Kräfte kompensieren, so kann an $P$

$$(g_{\mu\nu})_P = \eta_{\mu\nu} \quad \text{mit} \quad (\partial_\lambda g_{\mu\nu})_P = 0$$

gesetzt werden. Nach der allgemeinen Relativitätstheorie gilt daher die spezielle Relativitätstheorie immer noch für infinitesimale Raum-Zeit-Gebiete.

Sind außer den gravischen und Trägheitskräften keine Kraftfelder vorhanden, so gilt auf Grund des Äquivalenzprinzips weiter: Es gibt ein Bezugssystem, in dem die Bahnen aller gleichzeitig (zu einem Zeitpunkt $t = t_0$) von einem bestimmten Punkt $\{x^i_0\}$ des dreidimensionalen Raumes projezierten Körper Geraden sind, längs denen sich diese Körper unbeschleunigt bewegen. In diesem Bezugssystem (Riemannsches Normal-Koordinatensystem) gilt also für alle von $P$ $\{t_0, x^i_0\}$ projizierten Körper das Trägheitsgesetz (1). Das Riemannsche Bezugssystem ist also Inertialsystem in bezug auf $P$.

Bewegen sich in diesem Bezugssystem auch alle anderen Körper nach dem Trägheitsgesetz (1), so hat die Raum-Zeit Minkowskische Struktur. In diesem Fall existiert offenbar kein Gravitationsfeld. Die Existenz des Gravitationsfeldes ist also dadurch ausgezeichnet, daß die Raum-Zeit in endlichen Gebieten keine Minkowski-Struktur besitzt und vom allgemeinen Riemannschen Typus ist. Die mathematische Bedingung hierfür ist, daß ein aus den Christoffel-Symbolen gebildeter Tensor, der Riemannsche Krümmungstensor

$$R^{\lambda}_{\mu\nu\tau} = - \partial_\tau \Gamma^{\lambda}_{\mu\nu} + \partial_\nu \Gamma^{\lambda}_{\mu\tau} - \Gamma^{\omega}_{\mu\nu} \Gamma^{\lambda}_{\omega\tau} + \Gamma^{\omega}_{\mu\tau} \Gamma^{\lambda}_{\omega\nu}, \tag{10}$$

von Null verschieden ist. Die Bedingung

$$R^{\lambda}_{\mu\nu\tau} = 0 \tag{10a}$$

besagt, daß der Raum MINKOWSKIsche Struktur besitzt und so kein Gravitationsfeld existiert.

Die allgemeine Relativitätstheorie verallgemeinert das spezielle Relativitätsprinzip insofern, daß hier auch die Beschleunigung eines Körpers keine absolute Bedeutung mehr besitzt. In der Tat kann ja etwa durch Einführung von geeigneten RIEMANNschen Normal-Koordinaten die Beschleunigung eines Körpers zu Null gemacht werden. Hingegen besitzt die Relativbeschleunigung zweier Körper zueinander eine absolute Bedeutung. Für die Relativbeschleunigung zweier unendlich benachbarter Körper, die sich ausschließlich unter dem Einfluß eines Gravitationsfeldes bewegen, gilt nämlich (J. A. SYNGE und A. SCHILD)

$$\frac{D}{Ds}\Delta\frac{dx^{\tau}}{ds} = R^{\tau}_{\chi\lambda\nu}\frac{dx^{\chi}}{ds}\frac{dx^{\lambda}}{ds}\Delta x^{\nu}\,, \tag{11}$$

wobei $\Delta x$ den Abstand beider Körper bedeutet. Die linke Seite von (11) bestimmt die Relativbeschleunigung, und die rechte Seite ist ein Tensor. Da ein Tensor in einem Koordinatensystem nur dann verschwindet, wenn er in allen Koordinatensystemen gleich Null ist, hat die rechte Seite also eine vom Bezugssystem unabhängige Bedeutung. Diese Relativbeschleunigung bedeutet z. B. folgendes: Mehrere Massenpunkte, deren eigenes Gravitationsfeld vernachlässigt wird, mögen zur Zeit $t = 0$ relativ zueinander ruhen. Sie werden dann von der Zeit $\Delta t$ von einem Gravitationsfeld überstrichen, dessen RIEMANNscher Krümmungstensor durch $R^{\tau}_{\alpha\mu\lambda}$ gegeben ist. Wird das Gravitationsfeld dann wieder abgeschaltet, so bewegen sich die gegebenen Massenpunkte in einer Relativgeschwindigkeit zueinander, die durch das Zeitintegral der rechten Seite von (11) genommen von $t = 0$ bis $t = \Delta t$ gegeben ist.

Man kann daher das Verhältnis vom speziellen und allgemeinen Relativitätsprinzip mit H. WEYL und M. v.

LAUE so formulieren: *Das spezielle Relativitätsprinzip besagt die Relativität von Geschwindigkeiten und die Absolutheit von Beschleunigungen und somit der Geschwindigkeitsdifferenz. Das allgemeine Relativitätsprinzip besagt die Relativität der Beschleunigung und die Absolutheit der Relativbeschleunigung* (*der „Deviation“*)[1]; *woraus insbesondere die Absolutheit der Rotationsbewegung folgt.*

Errichtet man in $P$ ein inertiales Bezugssystem, so gelten dort auch bei Existenz eines gravischen Feldes alle Gleichungen der speziellen Relativitätstheorie unverändert. Voraussetzung ist hierbei, daß die Gleichungen in kanonischer Form geschrieben werden, so daß nur erste Ableitungen eingehen.

EINSTEINS Prinzip der allgemeinen Kovarianz besagt nun, daß alle Gleichungen der Physik koordinateninvariant sein müssen, d. h. unabhängig von der Wahl des Bezugssystems, was mathematisch dadurch erreicht wird, daß die Gleichungen als Tensorgleichungen formuliert werden. Für Tensorgleichungen gilt: Gelten sie an jedem Punkt $P$ des Raumes in irgendeinem Koordinatensystem, so sind sie in jedem Punkt $P$ in allen Koordinatensystemen gültig. Auf Grund der mathematischen Transformationsgesetze für tensorielle Größen läßt sich aus der Struktur der Gleichungen in einem Koordinatensystem sofort die Struktur der Gleichungen in jedem beliebigen Koordinatensystem herleiten. Es reicht also aus, die physikalischen Gleichungen z. B. in einem RIEMANNschen Koordinatensystem zu kennen, um sofort ihre allgemeine Gestalt angeben zu können.

Auf Grund des EINSTEINschen Äquivalenzprinzips ist aber durch die allgemein-kovariante Schreibweise der Gleichungen der speziellen Relativitätstheorie gleich-

[1]) Ein bekanntes Beispiel für die Deviation sind die Gezeiten: Das Schwerefeld der Sonne (bzw. des Mondes) ist auf der sich frei bewegenden Erde nicht meßbar, wohl aber die Differenz der Größe dieser Schwerefelder für verschiedene Punkte der Erdoberfläche.

zeitig auch der Einfluß des Gravitationsfeldes auf den durch die Gleichungen beschriebenen physikalischen Prozeß erfaßt. Auf Grund des allgemeinen Relativitätsprinzips ist daher die Kopplung des Gravitationsfeldes mit allen übrigen physikalischen Feldern (und Körpern) eindeutig bestimmt.

Das Prinzip der allgemeinen Kovarianz der physikalischen Gleichungen ist also — im Gegensatz zu in der Literatur verschiedentlich aufgestellten Behauptungen — keine leere mathematische Forderung, sondern hat eine tiefe physikalische Bedeutung. Es besagt die Universalität des Gravitationsfeldes, nämlich die Universalität der Kopplung von Gravitation und physikalischer Felder. Gleichzeitig bestimmt die Forderung der allgemeinen Kovarianz der physikalischen Gesetze eindeutig die Form dieser Kopplung. Diese weitreichende Bedeutung des Kovarianzprinzips ist eine Folge des EINSTEINschen Äquivalenzprinzips, das eben besagt, daß die kovariante Schreibung der physikalischen Gleichungen bereits den gravischen Einfluß berücksichtigt. Auch das Äquivalenzprinzip ist daher eine physikalisch grundlegende Einsicht.

### 2.3. Die EINSTEINschen Gravitationsgleichungen und die relativistischen Erhaltungssätze

Aus dem Äquivalenz- und Kovarianzprinzip folgt eine abstrakte Theorie des Gravitationsfeldes, die besagt, daß die physikalische Raum-Zeit-Welt ein vierdimensionaler RIEMANNscher Raum $V_4$ ist, bei dem an einem beliebigen Weltpunkt $P$ durch geeignete Koordinatenwahl $(g_{\mu\nu})_P = \eta_{\mu\nu}$ gemacht werden kann. Im Entartungsfall des MINKOWSKI-Raumes ist kein Gravitationsfeld vorhanden. Im allgemeinen repräsentiert der metrische Tensor $g_{\mu\nu}$. das Gravitationspotential. Das Gravitationsfeld beeinflußt auf eindeutig bestimmte Weise den Ablauf der physikalischen Prozesse. Die Herleitung der konkreten analytischen Gestalt der 10 Funktionen $g_{\mu\nu}(x^\lambda)$ bedeutet einerseits die Bestimmung der Metrik und andererseits die Bestimmung des Gravitationsfeldes. Diese Bestimmung erfordert die Aufstellung eines Gleichungssystems, das den Einfluß der physikalischen Prozesse auf das Gravitationsfeld ausdrückt.

Die Form der EINSTEINschen Gravitationsgleichungen ergibt sich zwangsläufig aus folgenden Bedingungen:

1. Die Gleichungen sind entsprechend dem allgemeinen Relativitätsprinzip kovariante Tensorgleichungen.

2. Durch die Gravitationsgleichungen wird bei einem natürlich, d. h. physikalisch sinnvoll gestellten Problem mit eindeutigen physikalischen Anfangsbedingungen das Gravitationsfeld $g_{\mu\nu}(x^\lambda)$ bis auf 4 Funktionen $x^\lambda = x^\lambda(\bar{x}^\tau)$ bestimmt. Die Wahlfreiheit dieser 4 Funktionen entspricht der aus dem Relativitätsprinzip folgenden Wahlfreiheit des Bezugssystems.

3. Die NEWTONsche Gravitationsmechanik resultiert als Entartungsfall aus der EINSTEINschen Gravitationstheorie.

Aus diesen drei Forderungen folgt, daß die Gravitationsgleichungen folgende Struktur haben sollten:

$$E_{\mu\nu} = R_{\mu\nu} - \frac{1}{2} g_{\mu\nu} R = \varkappa T_{\mu\nu} . \tag{12}$$

In (12) ist $E_{\mu\nu}$ der EINSTEINsche Tensor, $R_{\mu\nu}$ der RICCI-Tensor, der durch Kontraktion aus dem RIEMANN-Tensor (10) entsteht,

$$R_{\mu\nu} = R^\tau_{\mu\nu\tau} = \delta^\tau_\lambda R^\lambda_{\mu\nu\tau} \tag{12a}$$

und

$$R = g^{\mu\nu} R_{\mu\nu} = R^\tau_\tau \tag{12b}$$

der Krümmungskalar des RIEMANNschen Raumes. $T_{\mu\nu}$ ist der sogenannte Materietensor, der die Energiedichte, die Impulsdichte und die Spannungsdichte aller physikalischen Felder und Körper, die nicht geometrischer, d. h. gravischer Natur sind, zusammenfaßt. $\varkappa = \frac{8\pi f}{c^4}$

ist eine universelle Konstante, die EINSTEINsche Gravitationskonste ($f$ Gravitationskonstante aus dem NEWTONschen Gravitationsgesetz).

Die EINSTEINschen Gravitationsfeldgleichungen sind allgemein kovariant und lassen sich daher aus einem allgemeinen kovarianten Wirkungsprinzip herleiten, insbesondere ergibt sich nach HILBERT der Materietensor $T_{\mu\nu}$ als Variationsableitung:

$$\frac{\delta \mathcal{L}_{\text{mat}}}{\delta g_{\mu\nu}} = \frac{1}{2}\sqrt{-g}\, T_{\mu\nu}\,,\text{[1]} \tag{13}$$

der allgemein kovariant verallgemeinerten Wirkungsfunktionen $\mathcal{L}_{\text{mat}}$ für die speziellen relativistischen Felder.

Da, wie im vorigen Abschnitt gesagt, aus dem Äquivalenz- und dem Relativitätsprinzip folgt, daß in der allgemeinen Relativitätstheorie alle LORENTZ-invarianten speziell relativistische Gleichungen auf allgemein kovariante Formen gebracht werden müssen, und diese Form die $g_{\mu\nu}$ explizit enthält, beeinflussen alle nicht gravischen Felder die Metrik, indem sie einen Beitrag zum Materietensor (13) liefern. Die Universalität des Gravitationsfeldes drückt sich also nicht nur darin aus, daß alle physikalischen Felder vom Gravitationsfeld beeinflußt werden, sondern daß auch umgekehrt alle physikalischen Felder auf das Gravitationsfeld und somit auf die Geometrie der Welt einwirken. Man entnimmt aus den EINSTEINschen Gleichungen, daß dieser Einfluß für alle Felder durch denselben mathematischen Ausdruck (13) gegeben ist. Die Kopplungskonstante ist die EINSTEINsche Gravitationskonstante $\varkappa$ und hat universellen Charakter. Die allgemeine Kovarianz legt die Struktur des Materietensors eindeutig fest. (Diese Behauptung trifft zu für alle BOSE-Felder, da ihre LAGRANGE-Funktionen nur erste Ableitungen enthalten. Bei FERMI-Feldern muß die von D. IWANENKO, V. A. FOCK, E. SCHRÖDINGER, L. INFELD, B. v. D.

[1]) $g$ ist die Determinante der $g_{\mu\nu}$: $g = \det g_{\mu\nu} > 0$.

WAERDEN u. a. entwickelte kovariante Form des Spinorkalküls angewandt werden (s. auch Abschn. 2.5).

Der EINSTEIN-Tensor $E_{\mu\nu}$ kann selbst als Variationsableitung geschrieben werden:

$$-\frac{\delta\sqrt{-g}\,R}{\delta g^{\mu\nu}} = \sqrt{-g}\,E_{\mu\nu}\,. \tag{14}$$

Dies entspricht einem allgemein-kovarianten Wirkungsintegral

$$W = \int \sqrt{-g}\,R\,dx^0\,dx^1\,dx^2\,dx^3 \tag{15}$$

für das Gravitationsfeld. — Man erhält die linke Seite der EINSTEINschen Gleichungen (12) aber auch aus einer nur LORENTZ-invarianten Wirkungsfunktion $\mathcal{L} = \mathcal{L}(g_{\mu\nu}, \partial_\lambda g_{\mu\nu})$, die sich von $\sqrt{-g}\,R$ nur um einen divergenzartigen Term unterscheidet, der keinen Beitrag zur Variationsableitung (14) liefert.

Dieser von EINSTEIN bereits 1916 konstatierte Tatbestand ist wichtig für die Untersuchung der Zahl der physikalisch wesentlichen NOETHERschen Differentialidentitäten für das Gravitationsfeld. Aus einer allgemeininvarianten Wirkungsfunktion folgen nach dem NOETHERschen Satz eine unendlich große Anzahl von Differentialidentitäten. Da jedoch die allgemein-relativistischen Feldgleichungen (12) auch aus einer nur LORENTZ-invarianten Wirkungsfunktion herleitbar sind, ohne daß der physikalische Inhalt der Theorie geändert wird, sind von diesen unendlich vielen Differentialidentitäten die meisten ohne physikalische Bedeutung. Nur die 10 Differentialidentitäten, die der LORENTZ-invarianten Wirkungsfunktion $\mathcal{L}$ entsprechen, können eine physikalische Bedeutung haben.

Entsprechend dem allgemeinen Relativitätsprinzip, nach dem durch die EINSTEINschen Gleichungen 4 Funktionen unbestimmt bleiben, genügt die linke Seite der EINSTEINschen Gleichung (12) 4 Differentialidentitäten: Dieselben Identitäten müssen also auch von den rechten Seiten der Gleichungen befriedigt werden. Daher folgt aus den EINSTEINschen Gleichungen, daß der Materietensor $T^{\nu}_{\mu}$ die 4 Differentialbedingungen (die dynamischen Gleichungen EINSTEINS)

$$\partial_{\nu}(\sqrt{-g}\, T^{\nu}_{\mu}) = \frac{1}{2}\, \partial_{\mu}\, g_{\sigma\tau} \sqrt{-g}\, T^{\sigma\tau} \tag{16a}$$

befriedigen muß. Durch räumliche Integration dieser Gleichungen folgen, wie EINSTEIN und GROMMER 1927 und V. A. FOCK 1939 beweisen, die allgemein-relativistischen Bewegungsgleichungen. Die dynamischen Gleichungen (16a) sind die kovariante Verallgemeinerung des in der speziellen Relativitätstheorie als Folge der NOETHERschen Identitäten geltenden differentiellen Energie-Impuls-Satzes

$$\partial_{\nu} T^{\nu}_{\mu} = 0\,. \tag{16b}$$

(16a) enthält den aus den EINSTEINschen Gleichungen (12) folgenden Einfluß des Gravitationsfeldes auf die Materie; dieser ist durch

$$\frac{1}{2}\, \partial_{\mu} g_{\sigma\tau} \sqrt{-g}\, T^{\sigma\tau} \tag{16c}$$

gegeben. Während in der speziellen Relativitätstheorie aus (16a) die Integral-Gleichungen

$$\frac{d}{dt} \int\limits_{x^0=\text{const}} T^{0}_{\mu}\, d^3x = 0 \tag{17a}$$

folgen und somit die Erhaltung der Größen

$$P_{\mu} = \int\limits_{x^0=\text{const}} T^{0}_{\mu}\, d^3x\,, \tag{17b}$$

die die Energie und den Impuls darstellen, ist dies in der allgemeinen Relativitätstheorie im allgemeinen wegen der Existenz des Terms (16c) nicht mehr der Fall.

Damit aus den dynamischen Gleichungen (16a) differentielle Erhaltungssätze der Form

$$\partial_{\nu}(\xi^{\mu} \sqrt{-g}\, T^{\nu}_{\mu}) = 0 \tag{18a}$$

resultieren, aus denen durch Integration dann Integralerhaltungssätze der Form

$$\frac{d}{dt} \int\limits_{x_0 = \text{const}} \xi^\mu \sqrt{-g}\, T^\nu_\mu \, d^3x = 0 \tag{18b}$$

herleitbar sind, muß es Vektoren geben, die bestimmten Differentialgleichungen genügen. Diese Differentialgleichungen (KILLINGsche Gleichungen) lauten:

$$(\partial_\lambda g_{\mu\nu})\, \xi^\lambda + g_{\mu\tau}\, \partial_\nu \xi^\tau + g_{\tau\nu}\, \partial_\mu \xi^\tau = 0\,. \tag{19}$$

Im Falle des allgemeinsten RIEMANNschen Raumes besitzt (19) überhaupt keine Lösung. Die maximale Zahl 10 der Lösungen existiert für einen $V_4$ konstanter Krümmung, insbesondere für den ebenen MINKOWSKIschen Raum. Die Zahl der unabhängigen Lösungen von (19) ist gleich der Parameterzahl der LIEschen Gruppe des $V_n$. Jeder Vektor $\xi^\mu$ erzeugt eine bestimmte Bewegung (Translation oder Drehung) im Raum. Damit also eine Lösung $\xi^\mu$ existiert, muß eine entsprechende Symmetrie des RIEMANNschen Raumes bestehen (s. Abschn. 2.6).

Daher werden in der allgemeinen Relativitätstheorie Energie, Impuls, Drehimpuls und Schwerpunkt eines Systems im allgemeinen nicht erhalten. Vielmehr werden durch das gravische Feld, d. h. durch die Geometrie, Energie, Impuls etc. erzeugt oder vernichtet. Ein Erhaltungssatz erfordert stets die Existenz einer entsprechenden Symmetrie. Ist z. B. das Gravitationsfeld zeitunabhängig, so gilt der Satz für die Erhaltung der Energie:

$$\frac{d}{dt} \int\limits_{x^0 = \text{const}} \sqrt{-g}\, T^0_0 \, d^3x = 0 \tag{20a}$$

mit

$$\xi^\mu = \delta^\mu_0\,. \tag{20b}$$

Es ist also grundsätzlich zu unterscheiden zwischen der Kovarianz der Feldgleichungen und den daraus folgenden NOETHERschen Identitäten und einer tatsächlichen Symmetrie der physikalischen Raum-Zeit. Nur aus letzterer folgt die Existenz von Erhaltungssätzen.

Es muß aber betont werden, daß, wie in der speziellen Relativitätstheorie, erst recht in der allgemeinen Relativitätstheorie die integrale Erhaltung $\frac{d}{dt} Q = 0$ einer physikalischen Größe $Q$ eine notwendige Bedingung dafür ist, daß diese integrale Größe $Q$ eine von der Wahl des Bezugssystems unabhängige Bedeutung besitzt und damit einem realen physikalischen Objekt entspricht.

Aus diesem zuerst von EINSTEIN und F. KLEIN 1918 untersuchten Zusammenhang folgt also, daß in der allgemeinen Relativitätstheorie für eine Raum-Zeit ohne entsprechende Symmetrie die Begriffe Energie, Impuls etc. eines physikalischen Systems keine realen Größen mehr abbilden, sondern höchstens als Rechengrößen in bezug auf bestimmte Bezugssysteme definierbar sind. Die in der allgemeinen Relativitätstheorie behauptete Nichterhaltung z. B. der Energie bedeutet also im Prinzip nicht eine Verletzung des Energiesatzes, sondern die Nichtexistenz einer der Energie entsprechenden Größe $Q$ in einem zeitabhängigen Raum (P. G. BERGMANN).

Aus dem EINSTEIN-KLEINschen Satz folgt somit allgemein:

Es gelten in der allgemeinen Relativitätstheorie alle Erhaltungssätze der speziellen Relativitätstheorie unter der Voraussetzung, daß die entsprechenden Größen auch in der allgemeinen Relativitätstheorie definierbar sind.

Immerhin bestehen, wie oben gesagt, entsprechend den NOETHERschen Theoremen wegen der LORENTZ-Invarianz der allgemein relativistischen Wirkungsfunktion 10 Differential-Identitäten. Aus diesen Differentialidentitäten ergeben sich aber keine Erhaltungssätze für physikalische Größen, sondern Erhaltungssätze für Ausdrücke, die eine Summe von physikalischen und geometrischen Größen sind. In differentieller Form lauten diese (zuerst von EINSTEIN 1916 gefundenen) Identitäten, die aus (12) und (16a) folgen:

$$\partial_\nu (\sqrt{-g}\, T^\nu_\mu + t^\nu_\mu) = 0\,, \tag{21}$$

$$\sqrt{-g}\, T^\nu_\mu + t^\nu_\mu = \partial_\lambda \vartheta^{\nu\lambda}_\mu \quad \text{mit} \quad \vartheta^{\nu\lambda}_\mu = -\vartheta^{\lambda\nu}_\mu\,,$$
$$\vartheta^{\nu\lambda}_\mu = \vartheta^{\nu\lambda}_\mu(g_{\sigma\tau}, g_{\sigma\tau,\lambda}) \tag{22}$$

(EINSTEIN, P. V. FREUD, BERGMANN, MØLLER u. a.).

Hierbei ist aber $t^\nu_\mu$ eine unanschauliche geometrische Größe, die keinen Tensorcharakter besitzt und damit keine physikalische Bedeutung hat. Im ebenen MINKOWSKI-Raum $V_4$ kann durch Wahl von krummlinigen Koordinaten des $V_3$ $t^\nu_\mu \neq 0$ gemacht werden (H. BAUER 1918). Dieses Beispiel zeigt, daß $t^\nu_\mu$ keine physikalische Größe ist, denn sie kann durch Koordinatenwahl „erzeugt" und „vernichtet" werden.

Unter der Voraussetzung, daß das Gravitationsfeld im Unendlichen eines durch $x^0 = \text{const}$ gegebenen dreidimensionalen Raumes $V_3$ genügend schnell verschwindet und geeignete Koordinatensysteme im Unendlichen benutzt werden, lassen sich aus den EINSTEINschen Identitäten integrale Erhaltungssätze herleiten, unabhängig davon, ob der Raum Symmetrien besitzt oder nicht. Diese Erhaltungssätze haben die Form

$$\frac{d}{dt} \int\limits_{x^0 = \text{const}} (\sqrt{-g}\, T^0_\mu + t^0_\mu)\, d^3x = \frac{d}{dt} J_\mu = 0\,, \tag{23}$$

$$\int\limits_{x^0 = \text{const}} \sqrt{-g}\, T^0_\mu + t^0_\mu)\, d^3x = \oint\limits_{R \to \infty} \vartheta^{\tau 0}_\mu \frac{x_\tau}{R}\, ds\,. \tag{24}$$

Im Gegensatz zu den $t^0_\mu$ haben diese Integrale $J_\mu$ eine kovariante Bedeutung. EINSTEIN und KLEIN deuten daher die Integrale $J_\mu$ als den Gesamt-Energie-Impuls eines Systems, das aus Materie und Gravitation besteht. Es ist aber zu beachten, daß der Integrand $\sqrt{-g}\, T^0_\mu + t^0_\mu$ keine physikalische Bedeutung besitzt und daher die Energie nicht mehr lokalisierbar ist.

Besonders interessant sind die Integralsätze (24). Sie folgen aus (22) unter der Annahme, daß die Topologie des gewöhnlichen dreidimensionalen Raumes $x^0$ = const so beschaffen ist, daß der GAUSSsche Integralsatz anwendbar ist. Dann besagen die Integralgleichungen (24), daß die Gesamtenergie $J_0$ und der Gesamtimpuls $J_i$ des Systems nichtgravische Felder und Gravitationsfeld eindeutig durch die Struktur des Gravitationsfeldes im Unendlichen des dreidimensionalen Raumes $x^0$ = const bestimmt sind. Es reicht also die Kenntnis des Gravitationsfeldes im räumlichen Unendlichen aus, um die 4 integral erhaltenen Größen $J_\mu$ vollständig zu kennen, wobei die konkrete Form des Integranden $\sqrt{-g}\, T^0_\mu + t^0_\mu$ bedeutungslos ist. Dies ist der erste Hinweis darauf, daß es möglich sein könnte, den Tensor $T^\nu_\mu$ aus der Gravitationstheorie ganz zu eliminieren, was nur bedeuten kann, daß Geometrie und Materie enger miteinander zusammenhängen, als in den EINSTEINschen Gravitationsgleichungen zunächst vorausgesetzt worden ist.

### 2.4. EINSTEIN-Raum und Geometrodynamik

Gegen die Gravitationsgleichungen (12) hat EINSTEIN selbst den Einwand erhoben, daß hier auf an sich unverständliche Weise geometrische Größen mit den nichtgeometrischen Größen (13) verknüpft werden und so ein Dualismus in die Physik hineingetragen wird. So erschien es EINSTEIN konsequenter, die geometrische Struktur von Raum und Zeit und die physikalische Struktur der Materie völlig miteinander zu identifizieren, wie dies in der allgemeinen Relativitätstheorie für Geometrie und Gravitationsfeld gelungen war.

Während jedes nichtgravische Feld über den Tensor (13) $T_{\mu\nu}$ zum Gravitationsfeld beiträgt, also notwendig mit einem Gravitationsfeld gekoppelt ist, zeigt die EINSTEINsche Gravitationstheorie die Existenz von freien Gravitationsfeldern. In der Tat bedeutet der Grenzübergang $\varkappa \to 0$ in den Gravitationsgleichungen

(12) nicht etwa gravitationsfreie Felder, sondern Gravitation ohne Quellen. Bei Verschwinden der rechten Seite gehen die EINSTEINschen Feldgleichungen (12) in die Vakuum-Gleichungen

$$R_{\mu\nu} = 0 \tag{25}$$

über, die einen EINSTEIN-Raum definieren, der für $R^{\sigma}_{\mu\nu\lambda} \neq 0$ nicht mit dem speziell relativistischen MINKOWSKI-Raum identisch ist. Solche EINSTEIN-Räume existieren auch dann, wenn die rechte Seite von (12) überall verschwindet.

Unter den EINSTEIN-Räumen (25) gibt es solche, die freien Gravitationswellen entsprechen. In diesem Fall gibt es zwei algebraische Ausdrücke aus dem metrischen Tensor $g_{\mu\nu}$, die – bis auf die Koordinatenwahl – das Gravitationsfeld eindeutig bestimmen. Diese beiden Funktionen hängen im allgemeinsten Fall willkürlich von einer ausgezeichneten Koordinate ab. Sie lassen sich nämlich schreiben:

$$\varphi = \varphi(y^i, z)\,, \quad \Lambda = \Lambda(y^i, z)\,, \tag{26}$$

wobei durch $z = \text{const}$ sogenannte Nullflächen definiert werden, z. B. Verallgemeinerungen des MINKOWSKIschen Lichtkegels. Hierbei ist im allgemeinen Fall die Abhängigkeit der beiden Funktionen von $z$ willkürlich vorgebbar, so daß mit Hilfe dieser Funktionen – durch Modulation des Gravitationsfeldes – Signale übermittelt werden können (H. BONDI u. a.).

Insbesondere gibt es Wellenlösungen der EINSTEINschen Vakuumgleichungen (25), die ein sich im MINKOWSKI-Raum ausbreitendes Gravitationsfeld beschreiben. Die Wellenfront des Gravitationsfeldes, d. h. die Grenze zwischen dem gekrümmten und dem ebenen Raum $V_3$ bewegt sich mit der Lichtgeschwindigkeit $c$ (STELLMACHER 1937, F. PIRANI, TREDER u. a.).

Die Gravitationswellen sind wesentlich zeitabhängige Lösungen der EINSTEINschen Vakuumgleichungen. Sollen gemäß EINSTEINS Programm das freie Gravitationsfeld und damit die Geometrie beliebige Elementarteilchen enthalten, sollen also innerhalb der EINSTEINschen Vakuumtheorie beliebige Elementarteilchen möglich sein, so müssen wegen der Beständigkeit solcher Elementarteilchen auch EINSTEIN-Räume existieren, die wesentlich zeitunabhängig sind und dabei genügend reiche physikalische Eigenschaften besitzen. Die mathematische Analyse der Eigenschaften der EINSTEINschen Gravitationsgleichungen zeigen nun, daß derartige EINSTEIN-Räume auch im Großen vom MINKOWSKI-Raum verschieden sein müssen. Notwendig ist insbesondere, daß der dreidimensionale Raum $x^0 = \text{const}$ so beschaffen ist, daß in ihm nicht mehr der GAUSSsche Integralsatz angewandt werden kann. Er muß also eine viel kompliziertere Topologie besitzen als der euklidische Raum.

Beispielsweise folgt nach EINSTEIN und PAULI ein mit den Integralgleichungen (24) übereinstimmendes Theorem für zeitunabhängige Gravitationsfelder, die im Unendlichen genügend stark verschwinden:

$$\text{Ruhenergie} = m\,c^2 = \int\limits_{R\to\infty} \vartheta_0^{i\,0}\,\frac{x_i}{R}\,dS$$

$$= - \int\limits_{x^0=\text{const}} \sqrt{-g}\,R_0^0\,dV_3 + \sum \int\limits_{S_i} \vartheta_0^{i\,0}\,\frac{x_i}{R}\,dS \qquad (27)$$

($S$ — zweidimensionale geschlossene Fläche).

Ist der GAUSSsche Integralsatz unbeschränkt anwendbar, so verschwindet die Integralsumme auf der rechten Seite, und das zeitunabhängige Gravitationsfeld (25) kann also kein Teilchen mit Ruhmasse darstellen. Sind hingegen bei der Anwendung des GAUSSschen Integralsatzes wegen der Existenz von topologischen oder metrischen Singularitäten bestimmte Bereiche des $V_3$ (mit den Oberflächen $S_i$) auszuschließen, so gilt eben für die Gesamt-Energie:

$$\text{Energie} = \sum \int\limits_{S_i} \vartheta_0^{i\,0}\,\frac{x_i}{R}\,dS\,. \qquad (28)$$

Die Gesamt-Energie wird bestimmt durch die metrischen oder topologischen Singularitäten des Raumes $V_3$.

Insbesondere ergibt sich die Möglichkeit, Teilchenmodelle zu entwickeln, wobei die darauf beruhende Raum-Zeit nicht überall die LORENTZ-MINKOWSKIsche Signatur besitzt, sondern in denen kleine raum-zeitliche Gebiete auftreten, in denen eine negativ definite Signatur $(-1, -1, -1, -1)$ besteht (C. LANCZOS, H. TREDER). Wie wir aus den Erörterungen von Abschn. 1.4 über die Struktur der MINKOWSKI-Welt entnehmen, existiert in solchen Raum-Zeit-Gebieten kein Kausalgeschehen. Alle Wirkungen pflanzen sich augenblicklich, ohne Zeitverzögerung, fort. Es gibt in diesen Raum-Gebieten überhaupt keine räumlichen oder lichtartigen Richtungen, so daß Teilchen aus dem Äußeren nicht in dieses Gebiet eindringen können. Ihre Bahn verläuft also asymptotisch in einem solchen Raum-Zeit-Gebiet oder sie endet an seiner Grenze. — Auf der ganzen Fläche mit der das zeitlose Innengebiet an der äußeren Raum-Zeit angrenzt, verschwindet die Determinante $g$ des metrischen Tensors (TREDER 1962 und 1965). Derartige Vorstellungen scheinen auch für die Kosmologie von Bedeutung zu sein (siehe unten, Abschn. 3.4).

Die Vorstellung, daß die Elementarteilchen durch topologische oder (im einfachsten Fall) metrische Singularitäten des Raumes repräsentiert werden, wurde von EINSTEIN bereits 1920 aufgestellt. EINSTEIN zeigte dann, daß aus dieser Auffassung notwendig folgt, daß die Wechselwirkungen zwischen verschiedenen Teilchen, d. h. die physikalischen Kräfte, keine selbständige Bedeutung haben, sondern ebenfalls aus der Geometrie des EINSTEINschen Raumes resultieren müssen. Die EINSTEINschen Vakuumgleichungen gestatten nicht Lösungen mit beliebig verteilten topologischen oder metrischen Singularitäten, sondern schreiben vielmehr für diese Singularitäten bestimmte relative Beschleunigungen vor; mathematisch ergeben sich diese Bedingungen als Integrabilitätsbedingungen für die EINSTEINschen Gleichungen, wie sie die Identitäten (20/21) und (22) darstellen. Es ist EINSTEIN, L. INFELD und B. HOFFMANN 1938 gelungen, für den einfachen Fall von metrischen Singularitäten und eines außerhalb der Singularitäten schwachen Gravitationsfeldes die Mechanik und insbesondere die gravischen Kräfte zwischen den den Singularitäten entsprechenden Körpern herzuleiten und so die Gravitationsmechanik auf die Geometrie der EINSTEINschen Räume zurückzuführen.[1])

Allgemeiner wird es das Ziel sein, eine Anzahl von Elementarteilchen durch einen EINSTEINschen Raum mit bestimmten topologischen Singularitäten mathematisch zu repräsentieren. Eine solche Lösung der EINSTEIN-Gleichungen existiert überhaupt nur dann, wenn auch die Metrik des Raumes ganz bestimmte Eigenschaften besitzt und die Singularitäten selbst bestimmte relative Beschleunigungen zueinander haben. Diese Existenzbedingungen sind dann als physikalisches Kraftgesetz zu interpretieren. Der Kraftbegriff wird so (was wohl zuerst EDDINGTON hervorgehoben hat) sekundär gegenüber dem Begriff der Bewegung. Er ist nur eine Umschreibung für die notwendigen Bedingungen, die für die relativen Bewegungszustände gelten.

Diese neue Interpretation der allgemeinen Relativitätstheorie ist ebenfalls von EINSTEIN begründet worden und führte über die Teilchenmodelle von EINSTEIN und ROSEN (1935) zur topologisch fundierten Geometrodynamik von J. A. WHEELER (1958). Die Geometrodynamik versucht also den Dualismus zwischen Geometrie und den nicht geometrischen Feldern und Teil-

[1]) Die Darstellung der Teilchen durch metrische Singularitäten bei EINSTEIN, INFELD und HOFFMANN ist aber, wie EINSTEIN bemerkte, noch nicht konsequent. Metrische Singularitäten lassen sich nämlich durch deltaartige Massendichte auf der rechten Seite der Feldgleichungen (12) ersetzen, sind daher verkappte Inhomogenitäten dieser Gleichungen.

chen bereits auf der Basis der allgemeinen Relativitätstheorie aufzuheben.

Eine besonders wichtige Bedeutung haben für die Geometrodynamik die Quanten des Gravitationsfeldes, die sogenannten Gravitonen. Da EINSTEINS Vakuumgleichungen freie Gravitationswellen gestatten, so verlangt die Quantentheorie die Existenz von Gravitationsquanten, die nach dem BOHRschen Korrespondenzprinzip bestimmte Eigenschaften haben müssen. Im Rahmen der EINSTEINschen Idee der Verschmelzung von Geometrie und Physik müssen diese Gravitonen sich aber aus der geometrischen Struktur der Raum-Zeit-Welt ergeben, d. h., die Quantelung des Gravitationsfeldes bedeutet die Quantelung von Raum und Zeit, und diese sollte nach EINSTEIN notwendig aus der Relativitätstheorie folgen. Man sollte nach EINSTEINS Programm also versuchen, die Gravitonen im Rahmen der Geometrie der EINSTEIN-Räume zu verstehen. Es zeigt sich, daß hier vermutlich eine Verallgemeinerung des Fundamentes der allgemeinen Relativitätstheorie notwendig ist, die darin besteht, daß die Annahme, daß für jeden Punkt der Raum-Zeit im Infinitesimalen die spezielle Relativitätstheorie gilt, fallen gelassen wird (J. WHEELER, B. DE WITT, T. REGGE, H. TREDER u. a.). Die Quantelung des Gravitationsfeldes scheint zu verlangen, daß die Geometrie der Raum-Zeit auch im Infinitesimalen von der MINKOWSKIschen Geometrie abweichen kann, was die Existenz von Gravitationsfeldern bedeutet, die lokal extrem stark sind. Die Quantelung der Gravitationsfelder führt auf die Existenz einer kleinsten Länge, unter der direkte Meßergebnisse nicht mehr erhaltbar sind. Diese Fundamentallänge ist die PLANCKsche Elementarlänge $l = \sqrt{\frac{h f}{c^3}} \approx 10^{-33}\,\mathrm{cm}$.

Die in EINSTEINS Programm einer einheitlichen geometrischen Feldtheorie bzw. der Geometrodynamik zugrunde liegende Auffassung von der Naturgesetzlichkeit ist, wie EINSTEIN hervorhob, weit umfassender als diejenige, die der klassischen Physik zugrunde lag. Die klassische Physik kannte nur Kausalgesetze, nach denen bei der Vorgabe des Zustandes der Welt zu einem bestimmten Zeitpunkt $x^0 = \text{const}$, nämlich der CAUCHYschen Anfangswerte — Ort und Geschwindigkeit der Teilchen, räumliche Verteilung eines Kontinuums und seiner zeitlichen Veränderung bei Feldern — der Zustand der Welt zu allen anderen Zeiten eindeutig bestimmt ist. Nach der klassischen Physik gibt es aber für die CAUCHYschen Anfangswerte selbst keine Bedingungen. Sie sind zufällig im strengsten Sinne des Wortes. Dies steht im Gegensatz zu realen Eigenschaften der Natur, in der es nur ganz bestimmte Arten von Elementarteilchen mit bestimmten Eigenschaften und bestimmten Wechselwirkungen gibt. Auch lehrt die Kosmologie, daß die Verteilung der Materie im Großen bestimmten empirischen Gesetzen unterliegt und nur bestimmte mittlere Bewegungseigenschaften besitzt.

In der relativistischen Feldtheorie ergeben sich zunächst als Folge der allgemeinen Kovarianz der Feldgleichungen einige notwendige Bedingungen für die CAUCHYschen Anfangswerte (D. HILBERT, E. CARTAN, A. LICHNEROWICZ, Y. FOURES-BRUHAT), die aus den Differentialidentitäten (16a) oder (21) resultieren. Diese CAUCHYschen Bedingungen sind aber nicht hinreichend, um den tatsächlichen Zustand eines räumlichen Querschnittes für die Raum-Zeit-Welt, also den realen Zustand des Kosmos zu einem bestimmten Zeitpunkt zu bestimmen.

Die EINSTEINsche Idee einer geometrischen Feldtheorie nimmt hingegen an, daß die Forderung der globalen Erfüllung der Gravitationsgleichungen — evtl. zusammen mit denjenigen Grenzbedingungen für die Geometrie, die sich aus der Verteilung der Materie im Universum ergeben — die räumliche Struktur der Materie und ihren momentanen Bewegungszustand gesetzlich bestimmen. Darüber hinaus fordert EINSTEIN, daß auch die Form der in der Natur vorkommenden Wechselwirkungen sich mit Notwendigkeit aus der Geometrie der Raum-Zeit ergibt.

Diese Gesetzlichkeiten haben im allgemeinen nicht die Form von Differentialgleichungen, sondern werden topologischer, teilweise algebraischer und zahlentheoretischer Natur sein. Insbesondere sind sie keine Kausalgesetze; denn sie beschreiben nicht die lokalen Wirkungen von in der Vergangenheit liegenden lokalen Ursachen.

## 2.5. Einheitliche Feldtheorien als Erweiterung der Gravitationstheorie

Während die Geometrodynamik versucht, die Geometrisierung der Physik im Rahmen der EINSTEINschen Vakuumgleichungen zu erreichen, wird in den Ansätzen zu einer einheitlichen Feldtheorie versucht, die mathematischen Grundlagen der allgemeinen Relativitätstheorie nach verschiedenen Richtungen zu erweitern.

In den Ansätzen zur einheitlichen Feldtheorie wird versucht, dem Raum auch lokal reichhaltigere Strukturen zuzuschreiben, als sie die RIEMANNsche Geometrie enthält. Das heißt, es werden verallgemeinerte Geometrien eingeführt, die als Entartungsfall die allgemeine Relativitätstheorie und ihren RIEMANN-EINSTEINschen Raum enthalten. Die neuen Feldtheorien führen zusätzlich zum metrischen Tensor $g_{\mu\nu}$ noch weitere Bestimmungsstücke zur Festlegung der lokalen Differentialgeometrie ein. Im RIEMANNschen Raum sind diese zusätzlichen Bestimmungsstücke identisch Null. Es ist dann naheliegend, diese neuen geometrischen Objekte nichtgravischen Feldern zuzuordnen.

Der einfachste Weg scheint zu sein, die Dimensionalzahl der Raum-Zeit zu erhöhen, z. B. fünfdimensionale RIEMANNsche Räume zu betrachten (T. KALUZA 1921, O. KLEIN u. a.). Hierbei besitzt aber die zusätzliche fünfte Dimension keine unmittelbare physikalische Bedeutung, so daß nur spezielle fünfdimensionale Räume physikalisch sinnvoll sein können. Da der metrische Tensor eines fünfdimensionalen RIEMANNschen Raumes 15 unabhängige Komponenten besitzt, entstehen im Übergang zum fünfdimensionalen Raum in bezug auf die physikalische Raum-Zeit-Welt ein zusätzliches Vektorfeld $g_{\mu 4}$ mit 4 Komponenten und ein zusätzliches skalares Feld $g_{44}$. Diese speziellen $V_5$ erweisen sich als gleichwertig mit einer vierdimensionalen projektiven Mannigfaltigkeit. Hier liefern die projektiven Koordinaten der Weltpunkte ebenfalls ein Vektor- und ein skalares Feld (O. VEBLEN, VAN DANTZIG, EINSTEIN, W. MAYER, J. A. SCHOUTEN, W. PAULI, P. G. BERGMANN, P. JORDAN, Y. THIRY u. a.).

Von den übrigen einheitlichen Feldtheorien seien nur erwähnt:

1. Die Feldtheorie mit konformaler Geometrie von WEYL (1918—1919), die der älteste Versuch einer einheitlichen geometrischen Feldtheorie ist. Sie enthält zusätzlich den Vektor $\varphi_\mu$ der Streckenkrümmung.

2. Ferner die Feldtheorie mit Fernparallelismus von EINSTEIN 1928, bei der die 10 Komponenten des metrischen Tensors durch 16 Komponenten eines begleitenden Vierbeinfeldes ersetzt werden, und so ein Fernvergleich nicht nur von Strecken, sondern auch von Winkeln in der RIEMANNschen Raum-Zeit definiert wird.

3. Die unsymmetrische (bzw. hermitesch-symmetrische) Feldtheorie von EINSTEIN und SCHRÖDINGER (1945—1955), bei der der metrische Tensor zu einem unsymmetrischen Tensor $g_{\mu\nu} \neq g_{\nu\mu}$ verallgemeinert wird, der ebenfalls 16 verschiedene Komponenten besitzt.

Man sieht, daß diese einheitlichen Feldtheorien stets nur eine beschränkte Zahl von neuen geometrischen Größen liefern, die weiteren physikalischen Feldgrößen zugeordnet werden können. Die größte Schwierigkeit ist aber, daß diese Zuordnung durchaus willkürlich ist, weil es hier kein physikalisches Prinzip, wie das Äquivalenz-Prinzip für das Gravitationsfeld, gibt. Auch ist es durchaus fraglich, ob beliebige nicht-RIEMANNsche Räume überhaupt eine physikalische Bedeutung haben können.

Bei der Diskussion der einheitlichen Feldtheorie von WEYL zeigte EINSTEIN z. B. 1919, daß die physikalische Erfahrung verlangt, der Raum-Zeit eine wohldefinierte Metrik $ds^2 = g_{\alpha\beta}\, dx^\alpha\, dx^\beta$ zuzuschreiben. Die Geometrie muß die Definition von Normalmaßstäben und von Normaluhren gestatten, deren Gang unabhängig ist von ihrer Vorgeschichte und nur vom Weltort der Uhr abhängt. Andernfalls könnte es keine scharfen Spektrallinien geben, wie sie von metastabilen Atomen, die angenähert Normaluhren repräsentieren, emittiert werden. Die Existenz scharfer Spektrallinien beweist somit die Metrisierbarkeit der Raum-Zeit, wie sie von Riemann als Grundeigenschaft seiner Mannigfaltigkeit gefordert wurde.

EINSTEINS Argumentation ist ein besonders instruktives Beispiel dafür, daß und wie die Axiome, die der Geometrie des physikalischen Raumes zugrundezulegen sind, aus der Erfahrung resultieren. Dieses Beispiel widerlegt übrigens konkret sowohl den transzendentalen Idealismus KANTS als auch die konventionalistische Raumauffassung POINCARÉS, wie besonders H. REICHENBACH nachwies (s. Abschn. 2.6).

Die Feldgleichungen einer einheitlichen Feldtheorie lassen sich aber auch pseudo-geometrisch interpretieren: als Beschreibung von speziellen Feldern im RIEMANNschen $V_4$. In den EINSTEINschen Gleichungen (12) hat dann $T_{\mu\nu}$ eine spezielle Gestalt. Die einheitlichen Feldgleichungen führen so auf Bestimmungsgleichungen für die $T_{\mu\nu}$, die simultan mit (12) zu lösen sind. Da umgekehrt (12) den EINSTEIN-Tensor $E_{\mu\nu}$ mit $T_{\mu\nu}$ verknüpft, so führen die Feldgleichungen für spezielle nichtgravische Felder über die Bedingungen für $T_{\mu\nu}$ auf differential-geometrische Bedingungen für $E_{\mu\nu}$. Daher lassen sich unter bestimmten Bedingungen auch die EINSTEINschen Gleichungen (12) zusammen mit speziellen Feldgleichungen als einheitliche Feldgleichungen auffassen (G. Y. RAINICH 1925).

Umgekehrt ist auch versucht worden, bestimmte Typen von sogenannten einheitlichen Feldgleichungen als allgemeine Feldgleichungen für das Gravitationsfeld selbst zu deuten, so daß das Gravitationsfeld dann mehr Komponenten besitzt als 10 Komponenten des metrischen Tensors der RIEMANNschen Raum-Zeit.

Besonders wichtig sind hier die Versuche, die EINSTEINsche Feldtheorie mit Fernparallelismus als reine Gravitationstheorie aufzufassen. Allgemein besteht nämlich die Möglichkeit, daß das Gravitationsfeld durch die 16 Komponenten $h_\mu^A$ ($A = 0, 1, 2, 3$) eines Vierbeinfeldes repräsentiert wird, denn diese Komponenten bestimmen den Einfluß des Gravitationsfeldes auf Spinorfelder (gemäß FOCK, WEYL, SCHRÖDINGER, INFELD, v. d. WAERDEN, V. BARGMANN, IWANENKO u. a.), die gemäß der Quantentheorie den eigentlichen Elementarteilchen der Materie (Barionen, Leptonen) zugeordnet sind. Die Ansätze zu einer Feldtheorie der Elementarteilchen gehen davon aus, daß durch ein elementares Spinorfeld (z. B. das Ur-Spinor-Feld von HEISENBERG) alle Materiefelder hervorgehen. Die Wechselwirkung der Gravitation mit einem Spinorfeld sollte also primär sein, woraus dann folgt, daß die Vierbeinfelder physikalisch primär gegenüber metrischen Tensoren sind (C. MØLLER, D. IWANENKO, H. TREDER). In der Tat läßt sich der metrische Tensor eindeutig durch das Vierbeinfeld bestimmen:

$$g_{\alpha\beta} = h_\alpha^1 h_\beta^1 + h_\alpha^2 h_\beta^2 + h_\alpha^3 h_\beta^3 - h_\alpha^0 h_\beta^0 ,$$

während das umgekehrt nicht der Fall ist.

### 2.6. MINKOWSKI-Welt und RIEMANN-EINSTEIN-Welt – ein Vergleich ihrer Struktur

In der klassischen Philosophie, die versuchte, die Raum-Zeit-Vorstellungen der klassischen Physik philosophisch zu verallgemeinern, stehen sich zwei Anschauungen gegenüber:

Nach der ersten Anschauung, deren Hauptvertreter KANT war, der sich hierbei auf die Auffassung NEWTONS und dessen Schüler CLARKE stützte, ist der Raum genau so wie die Zeit ein vorgegebenes Gefäß, in dem sich alle physikalischen Objekte befinden und in dem alle physikalischen Prozesse ablaufen. Die Struktur von Raum und Zeit selbst ist unabhängig von diesem physikalischen Inhalt. Raum und Zeit besitzen ihre Eigenschaften absolut und auch dann, wenn es in diesem Raum keine physikalischen Objekte geben würde und in ihm keine physikalischen Prozesse ablaufen.

Der absolute Raum von NEWTON und KANT ist physikalisch strukturlos, so daß es folgerichtig war, ihm a priori die euklidische Geometrie zuzuschreiben. Das Auftreten von Trägheitskräften, die NEWTON aus der Beschleunigung gegenüber dem absoluten Raum erklärte, führte aber zu der Inkonsequenz, dem absoluten Raum einen dynamischen Einfluß auf die physikalischen Prozesse und damit physikalische Eigenschaften zuzuschreiben, während umgekehrt der Raum selbst von den in ihm ablaufenden physikalischen Prozessen nicht beeinflußt werden soll.

Gegen die Vorstellung eines absoluten Raumes traten LEIBNIZ und später BOLZANO auf. Nach ihnen sind Raum und Zeit identisch mit der Ordnung der relativen Lagen und der Kausalbeziehungen der Körper und Ereignisse. — Die geometrische Struktur von Raum und Zeit ist hiernach der Inbegriff aller möglichen Lagen und Kausalbeziehungen von physikalischen Gegenständen und physikalischen Ereignissen.

Man ersieht aus Abschn. 1.4, daß die Raum-Zeit-Vorstellung der Relativitätstheorie dem LEIBNIZ-BOLZANOschen Raum-Zeit-Begriff entspricht. Die Auffassung, daß die Struktur des Kausalnexus zwischen den raum-zeitlichen Ereignissen mit der geometrischen Struktur der MINKOWSKI-Welt identisch ist und daß nach dem EINSTEINschen Kausalitätsprinzip der Kausalzusammenhang zwischen Ereignissen die raumzeitliche Lage der Weltpunkte definiert, ist eine mathematische Konkretisierung von LEIBNIZ und BOLZANOS Vorstellungen. In diesem Sinne schafft die spezielle Relativitätstheorie den absoluten Raum ab, was früher auch so ausgedrückt wurde, daß die Relativitätstheorie den „Äther" aus der Physik eliminiert hat.

In der allgemeinen Relativitätstheorie sind Raum und Zeit aber weit mehr als die reale Anordnung der Ereignisse. Die EINSTEINsche Gravitationstheorie lehrt, wie im Kapitel über den RIEMANN-EINSTEINschen Raum ausgeführt wurde, daß das Gravitationsfeld, also ein Kraftfeld der klassischen Physik, identisch ist mit der Metrik von Raum und Zeit. Daher bestimmt die Metrik von Raum und Zeit wie ein physikalisches Kraftfeld der klassischen Mechanik den Bewegungszustand von Körpern und Feldern. Die EINSTEINschen Gravitationsgleichungen lehren dann weiter, daß umgekehrt die geometrische Struktur durch die im Raum stattfindenden physikalischen Prozesse unmittelbar beeinflußt wird.

Darüber hinaus zeigt die allgemeine Relativitätstheorie auch, daß der RIEMANN-EINSTEINsche Raum auch in dem Grenzfall, daß in ihm keine nichtmetrischen Felder oder Körper existieren, eine physikalische Bedeutung hat. Er stellt – wie oben gezeigt – das freie Gravitationsfeld dar, enthält also die Gravitationswellen.[1])

Weiter vermutet die Geometrodynamik und die einheitliche Feldtheorie, daß der physikalische Inhalt von Raum und Zeit identisch mit seiner geometrischen Struktur ist, daß also die gesamte Physik auf die Geometrie der Raum-Zeit reduziert werden kann. Dementsprechend ist der RIEMANN-EINSTEINsche Raum physikalisch nicht strukturlos, sondern besitzt eine von Punkt zu Punkt verschiedene Geometrie. An Stelle der rela-

[1]) EINSTEIN und WEYL betonten, daß die allgemeine Relativitätstheorie einen neuen Äther-Begriff geschaffen hat, und sprachen von der „Übermacht des Äthers" über die Materie.

tiven Beziehungen der physikalischen Körper im Raum treten in der Geometrodynamik die relativen Beziehungen dieser geometrischen Strukturen zueinander, wie dies in Abschn. 2.3 gezeigt wurde.

Es ist evident, daß diese Erkenntnisse der allgemeinen Relativitätstheorie sowohl den Raum-Zeit-a-priorismus des transzendentalen Idealismus Kants als auch positivistische (oder konventionalistische) Deutungen von Raum und Zeit als Schemata zur Ordnung der Empfindungen widerlegt, wie schon 1928 von H. Reichenbach hervorgehoben wurde.

Philosophisch berief sich Einstein gelegentlich auf Spinoza, bei dem ja die „Substanz“ und das „Ausgedehnte“ umfangsgleiche Begriffe sind. Als äquivalente philosophische Formel für den allgemein-relativistischen Raum-Zeit-Begriff erscheint hier aber die bekannte Formulierung von Engels: Raum und Zeit sind die Existenzformen der Materie.

Die physikalische Struktur der Raum-Zeit der allgemeinen Relativitätstheorie führt dazu, daß die Symmetrie der Raum-Zeit wesentlich schwächer ist als in der speziellen Relativitätstheorie. Wie in Abschn. 2.2 gesagt, besitzt der allgemein relativistische Raum im allgemeinen Fall keine Symmetriegruppen mehr und gestattet keine Lieschen Bewegungsgruppen. Daher ist das allgemeine Relativitätsprinzip nicht wie das Relativitätsprinzip der speziellen Relativitätstheorie der Ausdruck von raum-zeitlichen Symmetrien.

An diesem Tatbestand hat sich in der Literatur eine Kontroverse entzündet. Insbesondere A. D. Alexandrow und schon früher Kretschmann (1917) haben aus dem Fehlen der Symmetriegruppen in der allgemeinen Relativität gefolgert, daß es kein allgemeines Relativitätsprinzip geben kann. Meines Erachtens löst sich diese Schwierigkeit aus der Unterscheidung des Begriffs Transformationsinvarianz von dem Begriff Bewegungsinvarianz.

Im MINKOWSKI-Raum ist die Parameterzahl der Bewegungsgruppen gleich der Parameterzahl der LORENTZ-Gruppe. Die LORENTZ-Gruppe kann als die allgemeine Bewegungsgruppe der MINKOWSKI-Welt angesehen werden. Es ist im MINKOWSKI-Raum dasselbe zu sagen: Ich verschiebe und verdrehe einen Körper $K$ um eine Strecke $\Delta s$ und einen Winkel $\Delta\varphi$ in einem vorgegebenen Inertialsystem, oder ich verschiebe und verdrehe dieses inertiale Bezugssystem bei festgehaltenem Körper $K$ um die Strecke $-\Delta s$ und den Winkel $-\Delta\varphi$. Im ebenen MINKOWSKI-Raum kann also der reale Transport eines Körpers mathematisch ersetzt werden durch eine mathematische Operation, nämlich die LORENTZ-Transformation des Bezugssystems.

Die allgemeine Bedingung, daß es möglich ist, eine reale Verlagerung und Verdrehung eines Körpers (oder sonstiger drehbarer Gebilde) durch eine Änderung des Koordinatensystems zu ersetzen, ist offenbar die:

*Die Geometrie eines* RIEMANN*schen Raumes ist eindeutig bestimmt durch seinen metrischen Tensor* $g_{\mu\nu}$. Führe ich an einem Weltpunkt $P$ zunächst eine infinitesimale Verlagerung eines Körpers aus, so gelangt hierbei mein Körper von der Metrik $g_{\mu\nu}(x^\nu)$ zur Metrik

$$g_{\mu\nu}(\bar{x}^\nu) = g_{\mu\nu}(x^\nu) + \varepsilon\, \partial_\tau g_{\mu\nu}\, \xi^\tau \,. \tag{29}$$

Führe ich hingegen an $P$ eine infinitesimale Koordinaten-Transformation

$$\bar{x}^\nu = x^\nu + \varepsilon\, \xi^\nu \tag{30}$$

aus, so ändert sich hierbei der metrische Tensor gemäß der Formel

$$\bar{g}_{\mu\nu} - g_{\mu\nu} = -\,\varepsilon\,(g_{\mu\tau}\, \partial_\nu \xi^\tau + g_{\tau\nu}\, \partial_\mu \xi^\tau)\,. \tag{31}$$

Damit diese reale Verlagerung des Körpers durch eine Koordinatentransformation ersetzbar ist, muß im Infinitesimalen die Gleichung

$$\xi^\tau\, \partial_\tau g_{\mu\nu} = -\, g_{\mu\tau}\, \partial_\nu \xi^\tau - g_{\tau\nu}\, \partial_\mu \xi^\tau \tag{32}$$

gelten. Dies ist aber die Differentialgleichung (19), deren Lösbarkeit die Existenz einer LIEschen Symmetrie-

Gruppe des RIEMANNschen Raumes voraussetzt. Transformation und Bewegung sind im Infinitesimalen genau dann gleichbedeutend, wenn der Raum eine entsprechende Symmetrie besitzt, also eine Bewegungsgruppe existiert, die isomorph zur Transformationsgruppe ist. Existiert keine derartige LIE-Gruppe, so ist die Transformation nicht als eine reale Bewegung deutbar und umgekehrt, wie dies im Erlanger Programm von F. KLEIN 1872 vorausgesetzt wird.

Wegen ihrer Homogenität und Isotropie ist jedes Gebiet der MINKOWSKI-Welt jedem anderen Gebiet dieser Welt ähnlich. Insbesondere ist die Struktur des Kausalnexus und damit die Struktur der Lichtkegel im Infinitesimalen ähnlich der in endlichen Gebieten und auch ähnlich derjenigen im Großen.

Hingegen hat der RIEMANNsche $V_4$ der allgemeinen Relativitätstheorie nur im Infinitesimalen MINKOWSKIsche Struktur. Die Struktur der Lichtkegel und somit die Struktur des Kausalnexus zwischen den Ereignissen ergibt sich für endliche Bereiche jedoch erst aus den EINSTEINschen Gleichungen (12) oder (25). Da die Bahn von Lichtstrahlen durch das Gravitationsfeld bestimmt wird, hängt also auch die Form der Kausalitätskegel vom Gravitationsfeld ab. Im Großen, etwa für die Raum-Zeit als Ganzes, ist die Form der Kausalitätskegel völlig von derjenigen in der MINKOWSKI-Welt verschieden. In der speziellen Relativitätstheorie sind der Vor- und der Nachkegel (s. Abschn. 1.4) gleichgebaut und unterscheiden sich nur durch ihre zeitliche Orientierung.

Die Symmetrie der Vor- und Nachkegel bringt die Symmetrie der speziell relativistischen Gleichungen gegenüber den Spiegelungen

$$t \to -t \tag{33}$$

der Zeit (Umkehrung der Zeitrichtung) zum Ausdruck. (33) ist eine diskrete Untergruppe der LORENTZ-Transformation (1.9). In der MINKOWSKI-Welt gilt diese Zeitsymmetrie global. Es gibt in ihr also keine ausgezeichnete Zeitrichtung und somit keinen mathematischen Unterschied zwischen Vergangenheit und Zukunft — im Widerspruch zur physikalischen und allgemeinen Erfahrung.

Auch die EINSTEINschen Gleichungen sind invariant gegenüber (33). Jedoch sind in der allgemeinen Relativitätstheorie die Lichtkegel im Großen im allgemeinen nicht symmetrisch bezüglich des Vor- und Nachkegels. Die Lösungen der EINSTEINschen Gleichungen für große Gebiete weisen im allgemeinen keine Invarianz gegenüber diskreten Transformationen auf. Daher besteht in der allgemeinen Relativitätstheorie die Möglichkeit von Raum-Zeit-Mannigfaltigkeiten mit einer globalen Asymmetrie bezüglich Vergangenheit und Zukunft (nämlich bezüglich der Vor- und Nachkegel). Diese Asymmetrie kann dann zur Definition einer Zeitrichtung führen. Diese Definition hängt von der globalen Struktur der Raum-Zeit-Mannigfaltigkeiten ab.

Die relativistische Kosmologie (EINSTEIN, W. DE SITTER, A. A. FRIEDMANN, A. S. EDDINGTON, G. LEMAITRE, H. P. ROBERTSON u. a.) hat die Beobachtungsergebnisse der Astrophysiker über die Verteilung der Sternsysteme im Weltraum und über universelle Rotverschiebung der Spektrallinien entfernter Galaxien (HUBBLE-Effekt) durch eine zeitlich global-asymmetrische Raum-Zeit erklären können (Expansion des Universums) (s. das folgende Kapitel).

A. S. EDDINGTON und E. A. MILNE hatten vermutet, daß diese kosmische Asymmetrie die eindeutige Auszeichnung einer Zeitrichtung bedingt. Dann muß die Expansion des Universums auch die Ursache dafür sein, daß in dem Vertex $P$ eines Lichtkegels Signale nur von den Ereignissen (Weltpunkten) des Vergangenheitskegels, nicht jedoch solche aus dem Zukunftskegel empfangen werden, wie dies bei Zeitsymmetrie zu erwarten wäre. — Die in Abschn. 3.3 dargestellten neuen kosmologischen Überlegungen bestätigen dies. Die Gerichtetheit der

Zeit ist tatsächlich ein Ergebnis der nicht-MINKOWSKIschen Globalstruktur der Raum-Zeit.

Allerdings ist zu berücksichtigen, daß in genügend allgemeinen RIEMANN-EINSTEINschen Räumen eine universelle Zeit nicht unbeschränkt definierbar ist (L. D. LANDAU, E. M. LIFSCHITZ u. a.). Die Definition einer universellen Zeit erfordert die Einführung von synchronen (GAUSSschen) Koordinatensystemen, die nicht beliebig große Zeiträume überdecken können. — Dies ist ein weiterer charakteristischer Unterschied der speziellen und der allgemeinen Relativitätstheorie.

In der klassischen Mechanik ist die Gleichzeitigkeit von Ereignissen unabhängig von jedem Bewegungszustand und von der Entfernung definiert. In der speziellen Relativitätstheorie hängt die Definition der Gleichzeitigkeit von der Relativ-Geschwindigkeit und von der Entfernung ab (EINSTEINS Relativität der Gleichzeitigkeit). In der allgemeinen Relativitätstheorie ist im allgemeinen global überhaupt keine Synchronizität definierbar (s. Abschn. 3.4).

# 3. Kosmologie und Raumstruktur

## 3.1. Die Hauptprobleme der Kosmologie

A. S. EDDINGTON hat einmal bemerkt, daß sich in der heutigen Kosmologie die Frage der Unendlichkeit und Endlichkeit der Welt aus drei Teilfragen zusammensetzt: 1. die Frage der Unendlichkeit des Raumes, 2. die Frage eines Anfangs der Zeit bzw. eines Anfangs in der Zeit und 3. die Frage nach einem Ende des Universums, die mit der nach dem sogenannten Wärme- oder Entropie-Tod zusammenhängt.

Die beiden ersten Fragen sind im Rahmen der allgemeinen Relativitätstheorie, in der sogenannten relativistischen Kosmologie, neu formuliert und behandelt worden.[1]) Sie sollen im folgenden näher erläutert werden. Auch zum dritten Fragenkreis hat die relativistische Kosmologie grundsätzlich neue Erkenntnisse gebracht.

Mit der Überwindung des mittelalterlichen geozentrischen Weltbilds durch KOPERNIKUS zerbrach auch die im Mittelalter vertretene Auffassung eines räumlich und zeitlich endlichen Universums. Die Entwicklung von Astronomie und Physik führte durch GIORDANO BRUNO, GALILEO GALILEI und ISAAC NEWTON u. a. zu der Erkennnis eines räumlich und zeitlich unendlichen Universums. Diese Schlußfolgerung war eine notwendige Konsequenz der von der Himmelsmechanik und der Physik entdeckten Naturgesetze. Die mittelalterliche Vorstellung eines räumlichen Endes erwies sich mit den Gesetzen der Physik als unvereinbar.

Eine neue mathematische Denkmöglichkeit ergab sich im 19. Jh. durch die Entdeckung der nicht-euklidischen Geometrien durch GAUSS, LOBATSCHEWSKI, RIEMANN u. a. Insbesondere entwickelte RIEMANN die Geometrie eines in sich geschlossenen dreidimensionalen Raumes, dessen zweidimensionales Analogon die Oberfläche einer Kugel ist.[2]) Dieser RIEMANNsche Kugelraum ist zwar grenzenlos, hat aber einen endlichen Inhalt. Er ist der Prototyp für Räume dieser Art.

In der Kosmologie ist also eine behauptete räumliche Endlichkeit der Welt nicht als eine räumliche Begrenzung des Universums zu verstehen, sondern als eine

---

[1]) Alle anderen theoretischen Untersuchungen über die Struktur des Universums im Großen entstanden als Seitenzweige der relativistischen Kosmologie. Wichtig war dabei die von H. BONDI, T. GOLD und F. HOYLE entwickelte „Steady State“-Theorie des Universums, die die räumliche und zeitliche Unendlichkeit der Welt lehrt. (Die neueren astronomischen Beobachtungen sprechen übrigens eindeutig gegen die „Steady State“-Theorie.)

[2]) Zur Veranschaulichung der sinnlich nicht erfaßbaren „Raumkrümmung“ werden die Erscheinungen oft am zweidimensionalen Modell (Kugeloberfläche und „flache“ Lebewesen) erklärt.

bestimmte Geometrie des Raumes im „Großen". – Ein Argument dafür, daß das Universum in diesem Sinn räumlich endlich ist, hat in den 70er Jahren des vorigen Jahrhunderts der Leipziger Astrophysiker Fr. Zöllner (1834–1882) zu geben versucht. Zöllner berief sich auf die von dem bedeutenden Astronomen Wilhelm Olbers um 1820 aufgeworfene, zunächst paradox anmutende Frage: „Weshalb ist der Nachthimmel dunkel?"

Aus einer unendlichen Ausdehnung des Universums folgt – eine zeitlich unveränderliche Welt vorausgesetzt – durch einfache geometrische Überlegungen, daß der Nachthimmel nicht dunkel, sondern sonnenglühend hell sein sollte. Wie später in der Relativitätstheorie gezeigt wurde, liegt der Fehler der Olbersschen Überlegungen in der metaphysischen Voraussetzung eines zeitlich unveränderlichen, statischen Universums. Zöllner hingegen wollte aus dem sog. Olbersschen Paradoxon schließen, daß der Raum endlich im Sinn der Riemannschen Kugelwelt ist. Genauso einfache Überlegungen, wie sie zum Olbersschen Paradoxon führten, zeigen aber, daß ein statischer Kugelraum ebenfalls zu einem glühendhellen Himmel führt.

Den ersten wissenschaftlichen Schritt, auf theoretischem Weg Aussagen über die Geometrie des Raums im Großen zu erhalten, machte Einstein auf Grund seiner allgemeinen Relativitätstheorie. Aus Einsteins Theorie ergibt sich ein einfaches Maß, das größenordnungsmäßig die Abweichung der wirklichen Geometrie von Raum und Zeit von der euklidischen Geometrie und dadurch gleichzeitig die Grenzen angibt, in denen die Newtonsche Himmelsmechanik und Astronomie gültig sind.[1]) Für einen sehr großen Ausschnitt des Weltraums (die Metagalaxis) folgt aus diesem Maß die Notwendigkeit, die allgemeine Relativitätstheorie als theoretische Forschungsgrundlage zu benutzen. Dies gilt erst recht für das Universum als Ganzes.

---

[1]) Siehe Seite 62.

Auf Grund dieser Erkenntnis versuchte EINSTEIN 1917 erstmals aus der Relativitätstheorie eine Aussage über die Geometrie des Universums als Ganzes herzuleiten. Er benutzte hierzu aber nicht die von ihm 1915 entdeckten allgemein-relativistischen Gravitationsgleichungen, sondern führte in diese ein Korrekturglied ein mit dem Ziel, aus den Gleichungen einen statischen Kugelraum als angenähertes mathematisches Modell des Universums zu erhalten. EINSTEIN verlangte nämlich damals die Erfüllung eines von dem österreichischen Philosophen und Physiker ERNST MACH formulierten Postulats über die Massenverteilung im Weltraum, das, wie EINSTEIN zeigte, in einem unendlichen Raum nicht erfüllt werden kann. Einige Jahre später zeigte EINSTEIN dann aber, daß dieses MACHsche Prinzip physikalisch nicht haltbar ist; die von ihm eingeführte Korrektur seiner Gravitationsgleichungen schienen daher zunächst ebenfalls keine physikalische Bedeutung zu haben (s. aber Abschn. 3.3 und 3.4).

Die erste konsequente Anwendung der EINSTEINschen Gleichungen auf die Untersuchung der geometrischen Struktur des Universums gelang 1922 dem sowjetischen Mathematiker A. A. FRIEDMANN (1888 bis 1925). FRIEDMANN bewies, daß die allgemeine Relativitätstheorie

---

[1]) Dieses Maß ist das Verhältnis der geometrischen Abmessung $R$ eines Systems zu seinem EINSTEINschen Gravitationsradius $\frac{f\,M}{c^2}$, der gleich der Masse $M$ des Systems, multipliziert mit der Gravitationskonstanten $f$ und dem reziproken Quadrat der Lichtgeschwindigkeit $c$ ist. Ist dieser Gravitationsradius für ein System von derselben Größe wie $R$, oder größer als $R$, so ist die NEWTONsche Himmelsmechanik durch die EINSTEINsche Theorie zu ersetzen, während – wenn $R$ sehr viel größer als der Gravitationsradius ist – sich die NEWTONsche Himmelsmechanik als Grenzfall der EINSTEIN-Theorie ergibt. Für die Metagalaxis gilt $\frac{f\,M}{c^2} \approx R$.

keinen statischen, sondern nur einen sich zeitlich entwickelnden Kosmos zuläßt.[1])

Unter einigen sehr vereinfachenden – nach dem Stand der Astrophysik aber erlaubten – Annahmen über die Verteilung der Sterne und Sternsysteme im Raum konnte FRIEDMANN aus den EINSTEINschen Gleichungen eine sehr einfache Gleichung herleiten, die nach ihm die FRIEDMANNsche Differentialgleichung genannt wird. Bei der Integration der FRIEDMANNschen Differentialgleichung tritt eine Konstante $\varepsilon$ auf, die die mittlere GAUSSsche Krümmung des Raumes bestimmt. Ist diese mittlere Krümmung Null ($\varepsilon = 0$), so ist der dreidimensionale Raum (aber nicht die Raum-Zeit) angenähert euklidisch. Ist die Krümmung negativ ($\varepsilon < 0$), so liegt das dreidimensionale Analogon der LOBATSCHEWSKIschen Geometrie vor; ist es schließlich positiv ($\varepsilon > 0$), so haben wir einen dreidimensionalen Kugelraum. In den beiden ersten Fällen ist der Raum unendlich, im dritten Fall aber endlich.

Ferner ergab sich, daß der FRIEDMANNsche Kosmos notwendig expandiert (oder kontrahiert) und daß die Expansion des Kosmos die Ursache dafür ist, daß das OLBERSsche Paradoxon nicht gilt, da durch sie das Licht ferner Galaxien stark abgeschwächt wird. – Diese Expansion des Universums wurde fünf Jahre später von dem Astronomen E. P. HUBBLE empirisch in Form der universellen Rotverschiebung der Spektrallinien der Galaxien nachgewiesen, der berühmten Nebelflucht. Die Spektrallinien des Lichts von entfernten Galaxien sind sämtlich gegenüber den irdischen Linien nach den niedrigen Frequenzen, also nach rot hin verschoben

[1]) Diese Erkenntnisse wurden z. T. unabhängig von FRIEDMANN ca. 5 Jahre später von H. P. ROBERTSON, EDDINGTON, G. LEMAÎTRE u. a. neu gewonnen, wobei sie sich teilweise auf die etwa gleichzeitig von HUBBLE entdeckte universelle Rotverschiebung stützten. EDDINGTON zeigte auch, daß ein statisches Universum nach der Relativitätstheorie instabil, also nicht beständig ist.

(s. Abschn. 3.2). Der Betrag dieser Rotverschiebung ist im Mittel der Entfernung der betreffenden Galaxis von unserer Galaxis direkt proportional. Die einzige Erklärung, die auf wissenschaftlich gesicherte Tatsachen (und nicht auf der spekulativen Einführung unbekannter Naturgesetze) beruht, ist, daß die Rotverschiebung eine Folge einer Radialbewegung der Galaxien (bzw. Haufen von Galaxien) ist. Das bedeutet, daß sich sämtliche Galaxien (bzw. Haufen von Galaxien) gleichmäßig voneinander entfernen, die von ihnen gebildete Metagalaxis sich also ausdehnt (expandiert).

Diese Ausdehnung bedeutet auch ein Wachsen der Entfernung der Galaxien untereinander bezogen auf alle anderen physikalischen Maßstäbe: wie Atom-Radius, Länge eines starren Körpers, Radius eines Himmelskörpers, astronomische Einheiten und Radius einer Galaxis. Die Wechselwirkungen, die die Atome und starren Körper sowie auch die Himmelskörper und ein Sternsystem zusammenhalten sind nämlich so stark, daß sie die Expansion des Universums nicht mitmachen.

Wichtig ist die Tatsache, daß die EINSTEINschen Gleichungen überhaupt nichts über die Krümmung und somit auch nichts über die Endlichkeit oder Unendlichkeit des Raumes aussagen. Mit den Gleichungen ist sowohl eine positive, verschwindende oder negative Krümmung verträglich — entsprechend der willkürlichen Wahl der Konstante $\varepsilon$ in der integrierten FRIEDMANNschen Gleichung. Die Gleichungen liefern nur einen Zusammenhang zwischen der momentanen Krümmung des Raumes und den momentanen Werten anderer kosmischer Größen: Massendichte, Druck, Expansionsgeschwindigkeit und Weltalter.

Versuche den Krümmungsradius des Raumes (durch direkte oder indirekte Beobachtungen) zu bestimmen, haben bisher zu keinem eindeutigen Ergebnis geführt. Die Mehrzahl der Beobachtungen deutet darauf hin, daß die mittlere Raumkrümmung angenähert Null ist.

Rechnet man die aus der Relativitätstheorie folgende Expansion des Universums im FRIEDMANN-Modell in der Zeit zurück, wobei man hypothetisch bestimmte mathematische Größen mit der empirischen Zeit identifiziert, so kommt man nach einem Zeitraum von einigen (rund 12 bis 15) Milliarden Jahren zu einem Widerspruch mit den EINSTEINschen Gleichungen, von denen man doch ausgegangen ist, zu der sogenannten kosmologischen Singularität. Dieser Widerspruch weist darauf hin, daß entweder vor mehreren Milliarden Jahren der Zustand der Materie im Kosmos wesentlich anders war als heute, so daß die gemachten Voraussetzungen über den physikalischen Zustand des Kosmos ungültig werden, oder daß die einfache Identifizierung von mathematischen Größen der Relativitätstheorie mit meßbaren astrophysikalischen, wie sie den Weltmodellen zugrunde liegt, nicht für beliebig große Zeiten richtig ist.

Physikalisch bedeutet die kosmologische Singularität in diesem einfachen Modell Kosmen, in denen es den Zeitpunkt der Vergangenheit gab, an dem alle kosmischen Distanzen auf Null zusammengeschrumpft waren und bei der entsprechenden ungeheuren Gravitationswechselwirkung die Massendichte unendlich groß wurde. Man spricht anschaulich von einem „Gravitationskollaps" (bzw., weil der überdichte Zustand in der Vergangenheit lag, von einem „Anti-Kollaps"). Über den singulären Zeitpunkt hinaus ist eine Fortsetzung des kosmologischen Modells mathematisch sinnlos.

Einen solchen Anti-Kollaps der kosmischen Materie braucht es nicht gegeben zu haben, wenn die kosmische Materie eine absolute Rotation besitzt. In diesem Falle können die in früherer Zeit sehr großen Rotationsbeschleunigungen die starken Gravitationskräfte kompensieren. Weltmodelle mit einer absoluten Rotation der kosmischen Materie sind zuerst von dem Mathematiker K. GÖDEL (um 1949) entdeckt worden und heißen nach ihm GÖDEL-*Kosmen*. Der Rotationssinn definiert dann eine ausgezeichnete Richtung im Raum, so daß ein

GÖDEL-Kosmos anisotrop, aber immer noch homogen ist. (Eine solche Anisotropie würde sich etwa in einer anisotropen Entfernungsabhängigkeit der kosmischen Rotverschiebung widerspiegeln, da zu dem radialen DOPPLER-Effekt noch ein richtungsabhängiger transversaler DOPPLER-Effekt tritt.)

Die Annahme einer universellen Rotation der kosmischen Materie führt zu Schwierigkeiten für die kosmologische Theorie der Zeit (s. Abschn. 3.3), da der rotierenden Materie kein universelles Ruhsystem zuordenbar ist. — Es gibt jedoch keinen empirischen Hinweis für eine tatsächliche Anisotropie des Universums. Ferner haben neuere Untersuchungen ergeben, daß durch die Annahme einer kosmischen Rotation nur die Form der kosmologischen Singularität geändert wird, aber die Existenz von Singularitäten überhaupt durch das Rotationsfeld allein nicht vermieden werden kann (s. Abschn. 3.4). In der Tat werden wir schon im folgenden Abschnitt sehen, daß die große Massenverdichtung in der Vergangenheit nur eine, und zwar die unwesentlichste, Konsequenz der kosmologischen Modelle bezüglich eines singulären Frühzustandes des Kosmos ist, denn die Massen spielen in den kosmischen Urzeiten nur eine ganz untergeordnete Rolle gegenüber anderen Energieformen, besonders gegenüber der Strahlungsenergie.

## 3.2. Die relativistische Thermodynamik des Universums und die Urstrahlung

1965 wurde durch radioastronomische Beobachtungen die sogenannte 3°-Kelvin-Strahlung entdeckt. Diese Strahlung erfüllt den kosmischen Raum isotrop und genügt angenähert dem PLANCKschen Gesetz für die Wärmestrahlung. Aus der relativistischen Thermodynamik des Weltalls folgt die Existenz einer solchen Strahlung als ein Relikt des Urzustandes des Universums, wie er vor über $10^{10}$ Jahren bestand.[1]

[1]) Siehe Seite 67.

Wir betrachten Weltmodelle mit einer isotropen und räumlich homogenen Verteilung der Materie wie sie von FRIEDMANN hergeleitet wurden. Das Ruhsystem der kosmischen Materie ist gegeben durch eine Metrik von der ROBERTSON-WALKERschen Form:

$$ds^2 = c^2\,dt^2 - R^2(t)\,d\sigma^2 \quad (c - \text{Lichtgeschwindigkeit})\,. \tag{1}$$

Hierbei ist[2])

$$d\sigma^2 = \frac{dx^i\,dx^i}{1 + \varepsilon(x^i x^i/4)} \quad (\text{mit } i = 1, 2, 3 \text{ und } \varepsilon = \text{const}) \tag{1a}$$

das Linienelement eines dreidimensionalen Raumes $t = \text{const}$ mit konstanter Krümmung; $\varepsilon = 1$ entspricht einer positiven, $\varepsilon = -1$ einer negativen und $\varepsilon = 0$ einer verschwindenden Krümmung dieses dreidimensionalen Raumes.

Der Abstand zweier Punkte in einem dreidimensionalen Raum zur Zeit $t$ ist gegeben durch

$$s = R(t) \int_{P_1}^{P_2} d\sigma\,. \tag{1b}$$

Aus (1b) ist zu entnehmen, daß der räumliche Abstand zweier Weltpunkte eine Funktion der Zeit ist. Diese Zeitabhängigkeit bedeutet eine radiale Relativbewegung der Weltpunkte zueinander, und aus einer solchen Relativbewegung resultiert ein radialer DOPPLER-Effekt. Wird im Punkt $P_1$ eine Lichtwelle mit der Schwingungsdauer $\Delta t_1$ ausgesandt und im Punkt $P_2$ empfangen, so hat sie infolge dieses DOPPLER-Effekts in $P_2$ eine andere

---

[1]) Vgl. hierzu H. TREDER, Die relativistische Thermodynamik des Universums und die 3°-Kelvin-Strahlung. Forsch. und Fortschr. **11** (1967) 132.

[2]) Um den Vergleich mit den Originalarbeiten zu erleichtern, benutzen wir im folgenden die übliche Vorzeichenwahl für den metrischen Tensor: dreimal minus und einmal plus in der Diagonalform (siehe Fußnote auf S. 18). — Ein zeitartiger Vektor hat dann ein positives Betragsquadrat usw. Dementsprechend ändert sich auch das Vorzeichen von $T_{\mu\nu}$. Dies ist beim Vergleich mit den Gleichungen aus den beiden ersten Abschnitten zu beachten.

Schwingungsdauer $\Delta t_2$. Das Verhältnis der beiden Schwingungsperioden ist gegeben durch

$$\frac{\Delta t_2}{\Delta t_1} = \frac{\nu_1}{\nu_2} = \frac{R(t_2)}{R(t_1)} = 1 + \frac{\Delta \lambda}{\lambda} = 1 + z\,, \tag{2}$$

wo $\nu_1$ und $\nu_2$ die jeweilige Frequenz und $\lambda$ die Wellenlänge in $P_1$ bedeuten. Ist die Entfernung zwischen den Punkten $P_1$ und $P_2$ – im kosmologischen Maßstab gesehen – nicht sehr groß, so folgt hieraus die angenäherte Beziehung

$$1 + z = 1 + \frac{\dot{R}}{R}(t_2 - t_1)\,. \tag{2a}$$

Berücksichtigen wir nun wieder (1b), so gilt in derselben Näherung die berühmte Formel für den HUBBLE-Effekt

$$z = \frac{\dot{R}}{R}\frac{s}{c}\,. \tag{2b}$$

Der Koeffizient $\frac{\dot{R}}{R}$ in (2b) wird HUBBLE-Konstante genannt, ist aber eine Funktion der Weltzeit $t$. Aus (2) folgt eine ständige Verschiebung dieser Spektrallinien ins Rote, d. h. zu niedrigen Frequenzen hin, wenn die Entfernungen der Weltpunkte zueinander monoton anwachsen. Dies ist die Erklärung, die die allgemeine Relativitätstheorie für die in Abschn. 3.1 geschilderten dynamischen Verhältnisse des Kosmos gibt.

Für das Volumen $V$ eines dreidimensionalen Gebietes gilt gemäß (1b)

$$V \sim R^3(t)\,, \tag{3}$$

d. h., das Volumen $V$ eines gegebenen Gebietes des Raumes ist eine Funktion der kosmischen Zeit $t$.

Der gemäß den EINSTEINschen Gleichungen für das Gravitationsfeld zur Metrik (1) gehörende räumlich homogene und isotrope Materietensor hat die Form

$$T_0^0 = u(t)\,, \quad T_i^k = -\,p(t)\,\delta_i^k\,, \quad T_{i0} = 0 \tag{4}$$

(mit $\delta_i^k$ – KRONECKER-Tensor; $i, k = 1, 2, 3$).

Die EINSTEINschen Gleichungen (ohne kosmologischen Term (s. Abschn. 2.3)) reduzieren sich auf zwei unabhängige gewöhnliche Differentialgleichungen, die sich zusammenfassen lassen in den relativistischen Energiesatz gemäß TOLMAN:

$$\dot{u} + \frac{3\,\dot{R}}{R}(u + p) = 0 \tag{5a}$$

und

$$\frac{3\,\ddot{R}}{R} = -\frac{\varkappa}{2}(u + 3\,p) \tag{5b}$$

(der Punkt bedeutet die Ableitung nach der Zeit $t$). Dies sind zwei Gleichungen für die drei Funktionen $u$, $p$ und $R$.

Ist eine Zustandsgleichung

$$p = p(u)$$

gegeben, so bestimmt der Energiesatz (5a) die Energiedichte $u$ als Funktion von $R$, und (5b) ist dann die Bestimmungsgleichung für $R$ als Funktion von $t$. Wichtig ist, daß in den Energiesatz (5a) die Krümmung $\varepsilon$ des dreidimensionalen Raumes nicht eingeht, die Thermodynamik davon also unabhängig ist.

Im Materietensor (4) ist die Dichte der Gesamtenergie $u$ die Summe aus der Dichte der Ruhenergie $\varrho\, c^2$, der der Strahlungsenergie $u_s$ und der der thermischen inneren Energie $i$. Der Druck $p$ setzt sich aus dem Strahlungsdruck $p_s$ und dem Gasdruck $\pi$ zusammen:

$$u = \varrho\, c^2 + u_s + i\,, \tag{6a}$$

$$p = p_s + \pi\,. \tag{6b}$$

Die Zustandsgleichungen lauten

$$p_s = \frac{u_s}{3} \tag{7a}$$

bzw.

$$\pi = \frac{2}{3} i\,, \tag{7b}$$

wobei ein einatomiges Gas vorausgesetzt ist, was etwa den kosmischen Verhältnissen entspricht.

Im gegenwärtigen Zustand des Universums findet ein Umsatz von Ruhenergie in strahlende und thermische Energie bei den thermonuklearen Prozessen im Sterninnern statt. In den Sternen und auch in der interstellaren Materie ist ferner ein Austausch von strahlender und thermischer Energie möglich. – Entscheidend für das Verständnis der 3°-Kelvin-Strahlung und damit der Thermodynamik des Universums ist nun die Bemerkung, daß seit dem „Urzustand" des Universums (in dem extreme physikalische Bedingungen herrschten) der Umsatz nicht bedeutsam ist. Es ist also vorauszusetzen, daß beim gegenwärtigen Zustand des Universums und auch einige Milliarden Jahre zurückgerechnet der durch die thermonuklearen und andere Prozesse bewirkte Austausch zwischen den drei Energiearten gegenüber dem Gesamtbetrag dieser drei Energien vernachlässigbar klein ist, weil die den Energieaustausch bewirkenden Prozesse zu wenig zahlreich und zu wenig intensiv sind. (Diese Annahme steht offenbar im logischen Zusammenhang mit der grundlegenden Annahme einer räumlich homogenen Materieverteilung, die davon ausgeht, daß die Existenz von Massenverdichtungen in der Form von Sternen und Sternsystemen in erster Annäherung unwesentlich für die Makrostruktur des Kosmos ist.)

Unter der Voraussetzung eines vernachlässigbaren Austausches zwischen Ruhenergie, Strahlungsenergie und Thermoenergie zerfällt der Energiesatz (4) in drei unabhängige Bedingungen für jede der drei Energiearten:

Für die Ruhenergie folgt mit

$$p = 0 \tag{8a}$$

aus (4)

$$\frac{\dot{\varrho}}{\varrho} = -3\,\frac{\dot{R}}{R} \tag{8b}$$

mit dem Integral

$$\varrho\, c^2 R^3 = \text{const}\,. \tag{9a}$$

Aus (9a) und (3) folgt

$$M = \varrho\, V = \text{const}\,. \tag{9b}$$

Dies besagt, daß bei einem zeitlich abhängigen Volumen $V$ die Dichte der Ruhmasse umgekehrt proportional zum Volumen ist und der Gesamtbetrag der Ruhenergie $M c^2$ also erhalten bleibt:

$$M c^2 = V \varrho c^2 = \text{const} . \tag{9c}$$

Für die strahlende Energie folgt mit der Zustandsgleichung (7a) aus dem Erhaltungssatz (5a)

$$\frac{\dot{u}_s}{u_s} = -4 \frac{\dot{R}}{R} \tag{10a}$$

mit dem Integral

$$u_s R^4 \sim u_s V R = E_s R = \text{const} \tag{10b}$$

(mit der Gesamtenergie $E_s = u_s V$ der Strahlung).

(10b) besagt, daß sich bei einer Expansion des Volumens die Dichte der Strahlungsenergie gemäß

$$u_s \sim V^{-4/3} \tag{10c}$$

verdünnt, so daß die gesamte strahlende Energie $E_s$ mit $V^{-1/3}$ abnimmt. Mit Hilfe des Stefan-Boltzmannschen Gesetzes kann eine Strahlungstemperatur $T_s$ definiert werden:

$$u_s \sim T_s^4 .$$

Mit dieser folgt aus (10b)

$$V^{1/3} T_s = \text{const} , \quad \text{Entropie } S \sim V T_s^3 = \text{const} . \tag{10d}$$

Die Expansion ist also ein adiabatischer Prozeß ($dS = 0$), und die Strahlungstemperatur $T_s$ ist umgekehrt proportional der Kubikwurzel des Volumens und nimmt entsprechend diesem Gesetz bei der Expansion des Volumens ab (zur Zeit beträgt sie eben 3—3,5° Kelvin).

Die Gesamtenergie $E_\nu$ der Strahlung setzt sich zusammen aus den Energien $E_\nu = h \nu$ der einzelnen Photonen mit den Frequenzen $\nu$. Eine unmittelbare Wechselwirkung zwischen den Photonen gibt es nicht. Ferner ist eine Wechselwirkung durch die Vermittlung des kosmischen Gases gemäß der Voraussetzung ausgeschlossen, daß von einem Austausch der Strahlungsenergie mit der thermischen Energie abgesehen werden kann. Daher bedeutet die Abnahme der Gesamtenergie der Strahlung eine Abnahme der Energie jedes einzelnen Photons nach dem allgemeinen Gesetz:

$$E_\nu R = h \nu R = \text{const} . \tag{11}$$

Dies ist VON LAUES angegebene Herleitung für die kosmische Rotverschiebung der Frequenz

$$\nu \sim R^{-1} . \tag{11a}$$

Schließlich folgt für die thermische Energiedichte aus dem relativistischen Energiesatz (5a) und der Zustandsgleichung (7b)

$$i R^5 \sim i V R^2 = \text{const} \tag{12a}$$

und hieraus für die Gesamtwärmeenergie $I = i V$ des kosmischen Gases

$$I V^{2/3} = \text{const} . \tag{12b}$$

Die Dichte der thermischen Energie ist somit umgekehrt proportional zu $V^{5/3}$, die Gesamtwärmeenergie $I$ nimmt daher proportional $V^{-2/3}$ ab. Definieren wir eine Gastemperatur $T_{\text{gas}}$ mit Hilfe der Gasgleichung

$$I_{\text{gas}} \sim T_{\text{gas}} ,$$

so folgt aus (12b) die adiabatische Abkühlung des kosmischen Gases

$$T_{\text{gas}} \sim R^{-2} \sim V^{-2/3} . \tag{12c}$$

Es gibt somit für die drei verschiedenen Energieformen drei verschiedene Temperaturen: die Strahlungstemperatur $T_s$, die Gastemperatur $T_{\text{gas}}$ und die der Ruhenergie zuzuordnende Temperatur $T_0$. Da ein Übergang der Ruhenergie in eine andere Energieform voraussetzungsgemäß ausgeschlossen ist, beträgt die *Temperatur der Ruhenergie* gemäß einer von E. SCHRÖDINGER angegebenen Abschätzung

$$\left(\frac{2 \pi m k}{h^2}\right)^{2/3} \exp \frac{m c^2}{k T_0} \gtrsim T^{3/2} \varrho^{-1} \tag{13}$$

(mit der Ruhmasse $m$ eines Gasteilchens, $k$ — BOLTZMANN-Konstante), so daß praktisch

$$T_0 \to \infty$$

zu setzen ist.

Die Existenz von drei verschiedenen kosmischen Temperaturen ist zu interpretieren als eine Folge der Eigentümlichkeit der kosmischen Thermodynamik, die Gesamtruhenergie unverändert zu lassen, während die strahlende Energie und die Wärmeenergie bei der Expansion des Kosmos nach verschiedenen Gesetzen abnehmen, wenn der Austausch zwischen den drei Energiearten vernachlässigt werden kann.

Man kann fragen, inwiefern eine Gravitationsenergie in der kosmischen Thermodynamik zu berücksichtigen ist. Hierzu ist zu sagen, daß in den EINSTEINschen Gravitationsgleichungen[1])

$$R_{\mu\nu} - 1/2\, g_{\mu\nu} R = -\varkappa T_{\mu\nu}$$

eine Dichte der Gravitationsenergie nur ein Teil der linken Seite sein kann. Der Energiesatz (4) ist eine spezielle Form des EINSTEINschen allgemein-relativistischen Energieimpulssatzes (s. Abschn. 2.3)

$$T^{\nu}_{\mu;\nu} = \partial_\nu T^{\nu}_{\mu} - T^{\nu}_{\alpha} \Gamma^{\alpha}_{\mu\nu} + T^{\alpha}_{\mu} \Gamma^{\nu}_{\alpha\nu} = 0\,,$$

in dem die beiden letzten Terme die Wechselwirkung der Materie mit dem Gravitationsfeld erfassen. Diese Terme reduzieren sich in der Gleichung (5a) auf

$$\frac{3\dot{R}}{R}(u + p)\,.$$

Der Energiesatz (5a) ist also so zu verstehen, daß über die gravische Feldstärke $\sim \dot{R}/R$ die zeitliche Änderung der Energiedichte $u$ mit der Summe von Energiedichte und Druck $u + p$ gekoppelt ist.

Im Falle des stationären euklidischen Universums ist $\dot{R} = 0$. Der Energiesatz (5a) reduziert sich hier auf die Aussage der zeitlichen Konstanz der Energiedichte

$$\dot{u} = 0\,, \tag{13a}$$

[1]) Wegen der Vorzeichen siehe die Fußnote [2]) auf S. 67.

was bei fehlender Wechselwirkung zwischen den Energiearten einfach die zeitliche Konstanz ihrer jeweiligen Dichte bedeutet:

$$\dot{\varrho}\, c^2 = \dot{u}_s = \dot{i} = 0 \,. \tag{13b}$$

Da in einem stationären Kosmos alle Volumina zeitlich konstant sind, gilt dann auch

$$M\, c^2 = \text{const}\,, \quad E_s = \text{const}\,, \quad I = \text{const}\,, \tag{13c}$$

d. h., auch die Gesamtbeträge der Energiearten bleiben erhalten. Das durch verschiedene Zustandsgleichungen bewirkte unterschiedliche Verhalten der verschiedenen Energiearten ist also nur in einem allgemein-relativistischen Kosmos möglich und ist dort eine Folge der Wechselwirkung dieser Energien mit dem Gravitationsfeld.

Daß der Kosmos tatsächlich nicht stationär ist, folgt dann aus der Differentialgleichung (5b) für die Gegenwart mit $p \approx 0$ und $\varepsilon = 0$

$$R \sim t^{2/3} \,.$$

(Dies ist der sogenannte Einstein–de Sitter-Kosmos.)

Wir können nun aus den allgemeinen thermodynamischen Beziehungen Schlüsse über die Vergangenheit des Kosmos ziehen und hieraus den gegenwärtigen Zustand des Kosmos historisch verstehen. Gegenwärtig überwiegt im Kosmos bei weitem die Ruhenergie, deren Dichte

$$\varrho \approx (10^{-29} \div 10^{-31})\ \text{g cm}^{-3}$$

beträgt. Die durch die 3°-Kelvin-Strahlung gegebene Dichte der Strahlungsenergie ist

$$u_s/c^2 \approx 10^{-34}\ \text{g cm}^{-3} \,.$$

Hingegen ist die Dichte der thermischen Energie vernachlässigbar klein:

$$i/c^2 \ll 10^{-35}\ \text{g cm}^{-3} \,.$$

Dementsprechend übertrifft gegenwärtig die Strahlungstemperatur des Kosmos um Größenordnungen die Gastemperatur.

Man entnimmt jedoch aus den Gleichungen (10d) und (12c), daß in der Vergangenheit des Kosmos die Verhältnisse anders waren. Mit abnehmenden kosmischen Distanzen, also mit gegen Null gehenden $R$, übertrifft zunächst die Strahlungsenergie die Ruhenergie und dann die thermische Energie beide anderen Energiearten. Für $R \to 0$ geht sowohl die Dichte der Strahlungsenergie wie diejenige der thermischen Energie gegen Unendlich. Sowohl die Strahlungs- wie die Gastemperaturen wachsen mit $R \to 0$ über alle Grenzen.

Hierbei ist nun aber zu beachten, daß für genügend klein gewordene kosmische Distanzen $R$, bei den dann bestehenden hohen Dichten, Drücken und Temperaturen, die Voraussetzung eines vernachlässigbaren Austausches zwischen den drei Energiearten sicher nicht mehr zutrifft, was die obigen Schlüsse grundsätzlich modifiziert. — Immerhin sieht man, daß zu einer Zeit, in der die kosmischen Abstände auf einen sehr kleinen Bruchteil der heutigen Distanzen zusammengeschrumpft waren, die Ruhenergie im Gegensatz zum heutigen Zustand keine Bedeutung hatte und daß die zur damaligen Zeit ungeheuren Temperaturen, Energiedichte und Drücke von Strahlung und Wärme für das Universum entscheidend waren (sogenannter „Urknall" oder „Big Bang" in den Kosmogonien von G. Gamow und E. Teller (1939) u. a).

Ein Zurückrechnen bis zum Zusammenschrumpfen aller Distanzen auf Null (die kosmologische Singularität) mit unendlichen Dichten und Drücken hat keine physikalische Bedeutung, da nichts über die Zustandsgleichungen der Materie unter so abnormen Verhältnissen bekannt ist. Durch eine Modifikation der Voraussetzungen über den Zustand der Materie unter extremen Bedingungen und evtl. durch Erweiterung der Einsteinschen Gleichungen lassen sich die kosmologischen Singularitäten vermeiden (s. in Abschn. 3.4). — Im kosmologischen Anhang zu seinem Buch „The Meaning of Relativity" schrieb Einstein hierzu:

"The present theory of relativity is based on a division of physical reality into a metric field (gravitation) on the one hand, and into an electromagnetic field and matter on the other hand. In reality space will probably be of a uniform character and the present theory be valid only as a limiting case. For large densities of field and matter, the field equations and even the field variables which enter into them will have no real significance. One may not therefore assume the validity of the equations for very high density of field and of matter, and one may not conclude that the 'beginning of the expansion' must mean a singularity in the mathematical sense. All we have to realize is that the equations may not be continued over such regions".

Die allgemein-relativistische Thermodynamik des expandierenden Universums erklärt also erstens die Existenz der sogenannten 3°-Kelvin-Strahlung, d. h. einer isotropen und homogenen kosmischen Hohlraumstrahlung, deren schwarze Temperatur und deren Energiedichte um mehrere Größenordnungen höher sind als die Gastemperatur und die Dichte der thermischen Energie im Universum. Dieses Verhältnis ist ein Ergebnis der Geschichte des Kosmos und bestand nicht immer. Ferner beantwortet die relativistische Thermodynamik die von SCHRÖDINGER formulierte Frage nach der Ursache der überwiegenden Bedeutung der Ruhenergie im heutigen Kosmos. Auch dieses Übergewicht ist historisch entstanden. Die Energie, die zur Zeit des „Urknalls" die Form der Ruhenergie hatte, blieb während der Evolution der Kosmos erhalten (sie wurde bei einer sehr hohen Temperatur „eingefroren"), während der Betrag der beiden anderen Energiearten ständig abnahm.

### 3.3. Die kosmologische Theorie der Zeit

Die zeitliche Anisotropie der Raum-Zeit-Mannigfaltigkeit, die die relativistischen Weltmodelle aufweisen, ist schon früh als zureichender Grund für die eindeutige Definition der Zeitrichtung von der „Vergangenheit" in die „Zukunft" vermutet worden. Diese Vermutung läßt sich durch Überlegungen bestätigen, die auf eine Idee des englischen Astronomen T. Gold zurückgeht.

Eine eindeutige Orientierung der Zeit besteht erfahrungsgemäß sowohl für mikroskopische als für makrokosmische Prozesse. Die Gerichtetheit der Zeit ist eine fundamentale Tatsache, die physikalisch aber zunächst schwer verständlich erscheint, weil diejenigen Grundgleichungen der Physik, die wie die Einsteinschen Gravitationsgleichungen und die Maxwellschen Gleichungen des elektromagnetischen Feldes die geometrische Struktur und den physikalischen Inhalt von Raum und Zeit in gewöhnlichen und in kosmischen Größenordnungen bestimmen, invariant gegenüber Spiegelungen der Zeitkoordinate $x^0 = c\,t$, d. h. symmetrisch in bezug auf „Vergangenheit" und „Zukunft" sind. – Das gleiche gilt zumindest für diejenigen Gesetze der Physik der Elementarteilchen, welche die starken Wechselwirkungen und damit die Struktur und die Prozesse in den Atomkernen bestimmen.

Gemäß dieser Symmetrie der physikalischen Grundgleichungen gegenüber der Zeitspiegelung

$$t \to -t \qquad (14)$$

scheint eine Orientierung der Zeit, das ist die Existenz einer definiten Zeitrichtung von der „Vergangenheit" in die „Zukunft", ausgeschlossen zu sein – im völligen Widerspruch zur Realität.

Man hat versucht die Zeitrichtung mit dem vom 2. Hauptsatz der Thermodynamik ausgesagten Prozeßablauf in der Richtung auf ein Entropie-Maximum in Verbindung zu bringen. Der 2. Hauptsatz hat aber nur statistischen Charakter. Entsprechend der für die statistische Mechanik fundamentalen Ergoden-Hypothese nimmt ein System jeden mit den Nebenbedingungen verträglichen Mikrozustand beliebig oft an bzw. kommt ihm beliebig oft beliebig nahe. Daher ist in bezug auf den Mikrozustand jedes System der statistischen Mechanik quasi-periodisch (POINCARÉs Wiederkehreinwand). Jedes System kommt in einer durch Relaxationszeiten und Dimensionierungen gegebenen, im Vergleich zu ersteren genügend langen Zeit auch in jeden Makrozustand zurück. Daher versagt die Zeitdefinition des 2. Hauptsatzes nicht nur für Elementarprozesse, sondern im Prinzip auch für beliebig große kosmische Bereiche.

Die kosmologische Theorie der Zeit zeigt nun, daß und wie die Gerichtetheit der Zeit tatsächlich nicht nur mit der Spiegelungsinvarianz verträglich ist, sondern sogar aus der globalen Invarianz der EINSTEINschen, MAXWELLschen etc. Gleichungen gegenüber den Zeitspiegelungen folgt.

In der speziellen Relativitätstheorie sind alle Ereignisse $E$, welche mit dem zur Zeit $t = 0$ stattfindenden Ereignis $E_0$ am Weltpunkt $P_0$ (mit $r = 0$, $t = 0$) im Kausalnexus stehen, durch das Innere und den Mantel des MINKOWSKIschen Lichtkegels

$$-x^2 - y^2 - z^2 + c^2 t^2 = 0 \tag{15}$$

gegeben. Für retardierte Felder (Lösungen der Feldgleichungen mit dem Argument $(r - a\,t)$, $0 \leqq a \leqq c$) umfaßt der Halbkegel mit $t < 0$ alle Ereignisse $E_P$, die auf $E_0$ einen kausalen Einfluß gehabt haben (zumindest im Prinzip). Der Halbkegel mit $t > 0$ umfaßt alle Ereignisse $E_A$, die von $E_0$ kausal beeinflußt werden (s. o. Abschn. 1.4).

Für avancierte Felder (gegeben durch die Lösungen der Feldgleichungen mit dem Argument $(r + a\,t)$) vertauschen beide Halbkegel ihre Bedeutung. Der Halbkegel mit $t < 0$ ist hier der Ort der Ereignisse $E_A$, die aktiv von $E_0$ beeinflußt werden können, der Halbkegel mit $t > 0$ hingegen der Ort der Ereignisse $E_P$, die auf $E_0$ eingewirkt haben.

Bei gleichzeitiger symmetrischer Existenz retardierter und avancierter Felder gibt es somit keinen Unterschied zwischen der physikalischen Bedeutung beider Halbkegel; „Vergangenheit“ und „Zukunft“ sind völlig symmetrisch, d. h. sind nicht unterscheidbar und daher nicht definiert.

In der Realität treten jedoch erfahrungsgemäß nur retardierte Wirkungen auf; d. h., in der Realität enthält der Halbkegel mit $t < 0$ eindeutig die Ereignisse $E_P$, von denen $E_0$ kausal abhängt, und derjenige mit $t > 0$ die Ereignisse $E_A$, auf die $E_0$ kausal einwirkt. – Längs der Weltlinie $\{r = 0\}$ der Eigenzeit $t$ des Beobachters in $P_0$ mögen sich die Ereignisse $\ldots, E_{-2}, E_{-1}, E_0, E_{+1}, E_{+2}, \ldots$ zu den Parameterwerten $\ldots, t = -2, t = -1, t = 0, t = +1, t = +2, \ldots$ ereignen. Der passive Halbkegel zu $E_0$, dieser enthält echt denjenigen zu $E_{-1}$ etc. Andererseits ist der passive Halbkegel von $E_0$ echt im passiven Halbkegel zu $E_1$ enthalten usw. Der Umfang der passiv erfahrenen Ereignisse $E_P$ wächst somit mit wachsender Eigenzeit $t$, während der Umfang der aktiv beeinflußbaren Ereignisse $E_A$ mit wachsender Zeit $t$ abnimmt. Diese Folge von Enthaltenheitsrelationen wird subjektiv als gerichteter Ereignisstrom empfunden, der die Zeitrichtung von „erlittener Vergangenheit“ in die „aktive Zukunft“ definiert. Wesentlich für die Existenz einer subjektiven Zeitrichtung des Beobachters ist also der Unterschied zwischen den passiven und den aktiven Halbkegeln der jeweiligen Minkowskischen Lichtkegel, und dieser Unterschied beruht eben darauf, daß in der Realität nur retardierte Wirkungen vorkommen.

Man sieht aber, daß eine Welt, die nur avancierte – und keine retardierten – Wirkungen enthält, von der eben beschriebenen Welt nicht zu unterscheiden ist. Die Enthaltenheitsrelationen der Halbkegel mit den passiv erlittenen Ereignissen sind hier derart, daß der passive Halbkegel zu $E_0$ echt in demjenigen zu $E_{-1}$ enthalten ist usw. Der Umfang der passiv erlittenen Ereignisse wächst mit abnehmender Zeit $t$, dementsprechend kehrt sich die Richtung des Ereignisstroms für den Beobachter um. Die durch den Ereignisstrom definierte subjektive Zeitrichtung ist hier also genau entgegengesetzt wie im ersteren Fall. Die subjektive Zeit des Beobachters ist jetzt durch $\bar{t} = -t$ gegeben. In bezug auf diese Zeit sind aber die in bezug auf $t$ avancierten Wirkungen retardiert und umgekehrt:

$$r - a\,t = r + a\,\bar{t}\,, \qquad r + a\,t = r - a\,\bar{t}\,. \tag{16}$$

Es läßt sich nun zeigen (s. u.), daß alle avancierten Wirkungen (Felder, Störungen, Signale) im Universum als Folge der sich in der Expansion des Universums ausdrückenden Nichtstationarität des Kosmos eliminiert sind. — Ein stationärer, räumlich homogener und isotroper Kosmos ist gemäß den EINSTEINschen Gleichungen instabil. Bereits eine infinitesimale Störung führt dazu, daß der Kosmos entweder expandiert oder kontrahiert. — Die Konsistenz eines solchen stationären Kosmos aber vorausgesetzt, müßte er sich entsprechend dem OLBERSschen Paradoxon stets im Strahlungsgleichgewicht befinden. Jedes Raumgebiet absorbiert und emittiert in ihm dieselbe Quantität und Qualität von Strahlung. In einem solchen Universum ist ersichtlich keine Zeitrichtung definiert. Tatsächlich erlaubt aber die EINSTEINsche Gravitationstheorie eben keinen stabil-stationären Kosmos und somit auch nicht die Herausbildung des Strahlungsgleichgewichts im Universum.

Gibt es im Kosmos ein allgemein-relativistisches Bezugssystem, in welchem im Mittel die Beschleunigungen und Relativgeschwindigkeiten der als Kontinuum gedachten kosmischen Massen gleich Null sind (was bedeutet, daß die kosmischen Massen global nicht rotieren), so läßt sich eine universelle kosmische Zeit $t$ definieren (J. JEANS 1935). Diese Zeitdefinition bedeutet gemäß EINSTEINS Definition der Gleichzeitigkeit die Konstruktion eines synchronisierten Bezugssystems, das das Ruhsystem der rotationsfreien kosmischen Materie ist. Mathematisch wird dieses Bezugssystem durch ein

GAUSSsches Koordinatensystem realisiert, in dem gilt

$$g_{00} = +1\,, \quad g_{i0} = 0 \; (i = 1, 2, 3) \tag{17a}$$

und in dem die Weltlinien

$$x^i = \text{const}\,, \tag{17b}$$

d. h. die Koordinatenlinien der kosmischen Zeit $x^0 = c\,t$, die geodätischen Weltlinien der kosmischen Massen sind. Der geodätische Abstand

$$\Delta x^0 = c\,(t_2 - t_1) \tag{17c}$$

zwischen zwei raumartigen Hyperflächen $t_2 = \text{const}$ in $t_1 = \text{const}$, die den jeweiligen Zustand des kosmischen Raumes zu den Zeiten $t_2$ und $t_1$ darstellen, definiert die Zeitdifferenz zwischen zwei Ereignissen $E_2$ und $E_1$.

Ist die Materie im Raum noch homogen und isotrop verteilt, so ist das synchrone Koordinatensystem durch die ROBERTSON-WALKERsche Metrik

$$ds^2 = c^2\,dt^2 - R^2(t)\,d\sigma^2 \tag{18}$$

gegeben, wobei $d\sigma^2$ die metrische Fundamentalform eines dreidimensionalen Raumes konstanter Krümmung ist. Der Krümmungsradius des dreidimensionalen kosmischen Raumes $V_3$ ist proportional zu $R$. Diese Form der Metrik ist unabhängig von den EINSTEINschen Gravitationsgleichungen und besteht auf Grund der kinematischen und geometrischen Voraussetzungen. Genügt die Metrik den EINSTEINschen Gleichungen mit sogenanntem kosmologischem Glied,

$$R_{\mu\nu} - 1/2\,g_{\mu\nu}\,R + \lambda\,g_{\mu\nu} = -\,\varkappa\,T_{\mu\nu}\,, \tag{19}$$

so liegt ein allgemeines FRIEDMANNsches Universum vor. — Nach den astronomischen Beobachtungen ist das Universum im Mittel homogen und isotrop mit Materie erfüllt, nämlich dann, wenn man sich die Sternsysteme durch eine kontinuierliche Massenverteilung ersetzt denkt. Die Punkte dieses Kontinuums definieren von selbst einen EINSTEINschen Synchronismus, wenn die Weltlinien der Massenpunkte zu den Koordinatenlinien der Weltzeit $t$ gemacht werden.

Ein solcher Kosmos muß auf Grund der EINSTEINschen Gravitationstheorie entweder expandieren oder kontrahieren, d. h., es gilt

$$dR/dt \lessgtr 0 .$$

In einem genügend stark expandierenden Kosmos, nämlich dann, wenn gilt

$$R \sim t^n , \quad n > 1 , \tag{20}$$

tritt als Folge dieser Expansion oder Kontraktion ein „Welthorizont" auf. In einem expandierenden Kosmos bedeutet dieser Welthorizont, daß ein vorgegebener Weltpunkt $P_0$ des dreidimensionalen kosmischen Raumes $V_3$ durch retardierte Wirkungen, die sich mit einer Geschwindigkeit $a$ kleiner oder gleich der Lichtgeschwindigkeit $c$ ausbreiten, nur dann erreicht werden kann, wenn diese Wirkungen von einer Quelle ausgehen, die innerhalb einer bestimmten dreidimensionalen Umgebung von $P_0$ liegt. Diese Umgebung wird durch eine Sphäre, den Welthorizont $P_0$, begrenzt. Ereignisse, die außerhalb dieser Sphäre stattfinden, können keine retardierte Wirkung auf $P_0$ ausüben.

Anschaulich bedeutet der Welthorizont, daß die Fluchtgeschwindigkeit der Galaxien jenseits des Horizonts größer als die von $P_0$ aus gemessene Lichtgeschwindigkeit ist, so daß also das Licht dieser Galaxien $P_0$ nicht erreichen kann. — Die Sphäre des Horizonts um $P_0$ expandiert mit der Expansion des Raumes; daher sind Galaxien, die für einen in $P_0$ in bezug auf die Metrik (18) ruhenden Beobachter (Fundamentalbeobachter nach MILNE) zu allen Zeiten $t$ sichtbar oder unsichtbar, wenn sie es zu irgendeiner Weltzeit $t_0$ waren. Jedoch bedingt der HUBBLE-Effekt, daß das Licht der prinzipiell sichtbaren Galaxien immer röter und schwächer wird. Denn die Expansion des Welthorizonts hängt mit der mit dem zurückgelegten Weg wachsenden Schwächung aller retardierten Wirkungen zusammen.

Diese Schwächung der retardierten Wirkungen resultiert einerseits aus dem DOPPLER-Effekt (Erniedrigung aller Frequenzen und damit der Energie aller Photonen) und andererseits aus der einfachen Abschwächung der Strahlungsintensität als Folge der mit der Volumen-Expansion verbundenen Abnahme der Zahl der Photonen pro Volumeneinheit. Beide Effekte zusammen ergeben für nicht zu große Abstände der Strahlungsquellen von $P_0$

$$I \sim \frac{\text{Quellstärke}}{4\pi r^2 \cdot R^2(t_0)\,(1+z)^2} \tag{21}$$

für die Strahlungsintensität $I$. — Wegen des Welthorizonts und der allmählichen Abschwächung aller retardierten Wirkungen konvergieren die retardierten Wirkungen in einem solchen expandierenden Kosmos.

Die avancierten Wirkungen können — wie gesagt — aufgefaßt werden als retardierte Wirkungen in bezug auf die zu $t$ entgegengesetzt gerichtete Zeit $t$. In bezug auf die Zeit $t$ kontrahiert ein in der Zeit $t$ expandierender Kosmos. Daher treten für alle avancierten Wirkungen gerade die umgekehrten Effekte wie bei den retardierten auf. Die DOPPLER-Verschiebung der Frequenzen bewirkt hier eine Frequenzerhöhung, und die Strahlungsdichte wächst mit wachsender Weltzeit ständig an. Demnach gibt es für avancierte Wirkungen im expandierenden Kosmos auch keinen Welthorizont; die avancierten Felder führen im expandierenden Kosmos zu Divergenzen. Ein expandierender Kosmos mit avancierten Wirkungen wird inkonsistent. In der Tat wurde von E. HOGARTH u.a. gezeigt, daß in einem expandierenden Kosmos mit genügender Absorberdichte (Opazität) keine avancierten elektromagnetischen etc. Felder auftreten können. — Wegen der Konvergenz der retardierten und des Nichtvorhandenseins avancierter Wirkungen in einem expandierenden Kosmos mit Welthorizont kann ein solcher Kosmos nicht ins Strahlungsgleichgewicht gelangen; das OLBERSsche Paradoxon besteht nicht mehr.

Die Nichtexistenz avancierter Wirkungen bedeutet für einen im Kosmos ruhenden Beobachter, der sich im Weltpunkt $P_0$ zur Zeit $t = 0$ befindet, daß der Halbkegel mit $t < 0$ die erlittene Vergangenheit repräsentiert, die von dem Ereignis $E_0$ nicht mehr beeinflußt werden kann; der Halbkegel mit $t > 0$ repräsentiert hingegen die vom Ereignis aktiv beeinflußbare Zukunft. Daher gibt es in einem expandierenden Kosmos für jeden Beobachter eine subjektive Zeitrichtung, die mit der Richtung der Weltzeit $t$ identisch ist. Die Zeitrichtung ist durch die Expansion des kosmischen Raumes gegeben; der Krümmungsradius $\sim R(t)$ des Raumes $V_3$ wächst mit der subjektiven Zeit jedes im Kosmos ruhenden Beobachters.

Die Gleichgerichtetheit der subjektiven Zeit mit derjenigen Zeit, die durch das Wachsen des Weltradius $R$ definiert wird, bestätigt ein Gedankenexperiment, bei dem die Expansion des Kosmos in eine Kontraktion umgewandelt werden soll. Für ein kontrahierendes Universum nimmt der Weltradius $R$ mit wachsender Zeit $t$ ab. Für ein solches Universum folgen in voller Analogie zu den obigen Überlegungen eine Intensitätsabschwächung und ein DOPPLER-Effekt ins Niederfrequente für avancierte Felder. Ferner gibt es für ein in der Zeit $t$ genügend schnell kontrahierendes Universum auch einen Welthorizont für jeden im Kosmos ruhenden Beobachter bezüglich der avancierten Felder. Die in der Zeit $t$ retardierten Felder würden hingegen zu Divergenzen und somit zu einer Inkonsistenz des kontrahierenden Universums führen. Tatsächlich sind daher in einem kontrahierenden Universum alle in bezug auf $t$ retardierten Wirkungen unterdrückt.

Demnach umfaßt für einen im kontrahierenden Kosmos ruhenden Beobachter in $P_0$ zur Zeit $t = 0$ der Halbkegel mit $t > 0$ alle Ereignisse $E_P$, die auf das Ereignis $E_0$ eingewirkt haben; er ist also der Ort der passiv erlittenen Vergangenheit. Umgekehrt enthält der Halbkegel mit $t < 0$ alle von $E_0$ beeinflußbaren Ereignisse $E_A$, ist also die aktive Zukunft des Ereignisses. Der Beobachter stellt somit einen Ereignisstrom fest, der von positiven zu negativen $t$-Werten führt.

Wie oben ausgeführt, ist demnach die subjektive Zeit durch $\bar{t} = -t$ gegeben. In bezug auf die gespiegelte Zeit $\bar{t}$ wächst aber der Weltradius $R$ mit der subjektiven Zeit, und alle im Universum vorhandenen Felder sind retardierte mit dem Argument $(r - a\bar{t})$. Ein Beobachter konstatiert demnach wieder eine kosmische Rotverschiebung für die in seiner subjektiven Zeit $\bar{t}$ retardierten Felder. — Es gilt also allgemein: *Die subjektiv orientierte Zeit jedes Beobachters ist durch die Expansion des kosmischen $V_3$ gegeben, d. h. durch das Anwachsen des Weltradius $R$.* Diese These bedeutet keine Aussage über den Bewegungszustand des Kosmos, sondern ist die einfache Folge der Definition der subjektiven Zeitrichtung. Für jeden Beobachter existiert per definitionem immer ein in seiner subjektiven Zeit expandierendes Universum. Ein kontrahierendes Universum ist logisch ausgeschlossen (TREDER 1965).

Die Bedingung (20) stellt ein Auswahlprinzip dar, das aus der Fülle zunächst möglich erscheinender kosmologischer Modelle diejenigen auswählt, die mit der Existenz einer universellen Zeitrichtung verträglich sind. Die Bedingung garantiert gleichzeitig die Singularitätsfreiheit und damit die Konsistenz der kosmologischen Modelle für die Zukunft.

Der einfache EINSTEIN–DE SITTER-Kosmos, den wir in Abschn. 3.2 betrachtet haben, erfüllt die Auswahlbedingung (20) nicht, denn bei ihm ist $n = \frac{2}{3}$. Auch alle anderen kosmologischen Modelle ohne $\lambda$-Term führen asymptotisch zu einem Expansionsgesetz $R \sim t^n$ mit einem Exponenten $n \leq 1$. Daher ist es bei Aufrechterhaltung der kosmologischen Prinzipien nötig, nicht — wie in Abschn. 3.2 — die verkürzten EINSTEINschen Gleichungen, sondern die allgemeinen Gleichungen (19) mit kosmologischem Term $\lambda g_{\mu\nu}$ zu verwenden, um im Rahmen der relativistischen Kosmologie zu einer konsistenten Beschreibung der Struktur des Kosmos zu gelangen.

Unter den Weltmodellen, die sich aus den EINSTEINschen Gleichungen mit kosmologischem Term (19) herleiten lassen, gibt es eine Anzahl, die der Bedingung (20) genügen. Das einfachste Modell ist der DE SITTER-Kosmos, der von W. DE SITTER bereits 1917 in unmittelbarem Anschluß an und als Gegenstück zu EINSTEINS erster kosmologischer Arbeit eingeführt worden ist. Die Metrik eines DE SITTER-Kosmos hat die Form

$$ds^2 = c^2\,dt^2 - e^{\frac{2ct}{a}}(dx^2 + dy^2 + dz^2) \tag{22}$$

mit

$$a = \sqrt{\frac{3}{\lambda}} \quad \text{als effektiven Krümmungsradius.}$$

Diese Metrik ist eine Lösung der kosmologischen Vakuum-Gleichungen

$$R_{\mu\nu} = \lambda\,g_{\mu\nu} \tag{23}$$

und beschreibt dasjenige Expansionsgesetz des Raumes, für das die HUBBLE-Konstante

$$\frac{\dot{R}}{R} = \frac{1}{T} \tag{24a}$$

tatsächlich eine Konstante ist:

$$\frac{\dot{R}}{R} = \frac{2c}{a}. \tag{24b}$$

Der DE SITTER-Kosmos ist für die Weltzeit $t \to \infty$ der asymptotisch erreichte Grenzfall der relativistischen Weltmodelle mit $\lambda > 0$.

Im Gegensatz zu der früher oft ausgesprochenen Behauptung, daß die Kosmologie keinen zwingenden

Grund für die Einführung des kosmologischen Terms in die EINSTEINschen Gleichungen gibt, verlangt die Konsistenz der Weltmodelle und die damit verbundene Auszeichnung einer Zeitrichtung notwendig die Einführung des kosmologischen Terms mit $\lambda > 0$. Dies wird im folgenden Paragraphen noch weiter untermauert werden.

Es ist aber noch interessant zu sehen, wie im Rahmen eines kosmologischen Modells, bei dem (wie beim EINSTEIN-DE SITTER-Kosmos) die Bedingung (20) nicht erfüllt ist, das OLBERSsche Paradoxon aufgeklärt wird. In einem Kosmos mit

$$\int_{t_0}^{t\to\infty} \frac{dt}{R(t)} \to \infty \tag{25}$$

gibt es keinen Welthorizont. Es existiert jedoch für

$$\int_{t\to-\infty}^{t_0} \frac{dt}{R(t)} = \text{beschränkt} \tag{26}$$

immer ein sogenannter Partikelhorizont. Dieser bedeutet, daß in einem solchen kosmologischen Modell wegen des endlichen Lebensalters des Kosmos irgendein Fundamentalbeobachter zu einer bestimmten endlichen Weltzeit $t_0$ Strahlung nicht aus dem gesamten Kosmos, sondern nur von Objekten innerhalb einer bestimmten Umgebung empfängt. Es tauchen jedoch im Laufe der Zeit immer mehr Objekte hinter seinem Horizont auf, die „strahlende Umgebung" wächst ständig, so daß irgendwann einmal die Bedingungen des OLBERSschen Paradoxon erfüllt sind und sich ein mit leuchtender Strahlungsdichte der Sonne leuchtender Himmel herausbildet.

Diese Deutung des OLBERSschen Paradoxons besagt demnach, daß der Kosmos noch zu jung ist, als daß sich ein strahlender Himmel herausgebildet haben könnte, daß sich aber ein strahlender Himmel im Laufe der Geschichte des Kosmos herausbilden wird, wenn die Welt lange genug besteht.

Man sieht, daß beide Lösungen des OLBERSschen Paradox einen historischen Kosmos voraussetzen. Die oben vertretene Auflösung des Paradox ist von derjenigen, die auf einem endlichen Weltalter beruht, sonst völlig verschieden.

### 3.4. Wie ist Kosmologie überhaupt möglich?

In den drei ersten Abschnitten dieses Kapitels haben wir die Aufgabenstellung der Kosmologie, Dynamik und Thermodynamik des Kosmos und schließlich seine Geschichtlichkeit erörtert. Diese Betrachtungen fußten auf den Ergebnissen der relativistischen Kosmologie, die ihrerseits auf der EINSTEINschen Relativitätstheorie und der astronomischen Erforschung der Metagalaxis aufbaut. Die theoretischen Erörterungen über kosmologische Fragen erheben den Anspruch, mathematische Modelle für das Universum als Ganzes zu geben und damit gleichzeitig auch die Geschichte des Universums zu erfassen. Eine solche Problemstellung kann aber eine Aporie in sich schließen.

Das Universum ist uns definitionsgemäß nur einmal gegeben. Daher erscheint es nicht möglich, generalisierende Induktionsschlüsse über die Struktur des Universums zu ziehen, da es ja nicht möglich ist, unser Universum mit irgendwelchen anderen zu vergleichen. Daher könnten die Eigenschaften des Universums durchaus zufällig und bestenfalls phänomenologisch zu beschreiben, aber nicht physikalisch zu erklären sein.

Die allgemeine Relativitätstheorie (und ihre Weiterentwicklungen) versucht, diese Aporie dadurch zu umgehen, daß sie die kosmologischen Modelle als eine besondere Form von Lösungen der Feldgleichungen für das Gravitationsfeld sieht. Hierbei wird davon ausgegangen, daß das Gravitationsfeld, und nur dieses, die raum-zeitliche Struktur des Kosmos im Großen bestimmt. Die Vergleichsobjekte für das Universum sind somit kleinere kosmische Systeme und deren Gravitationsfelder.

Nun sind die EINSTEINschen Gravitationsgleichungen ein System von partiellen Differentialgleichungen und haben als solche einen rein lokalen Charakter. Sie geben damit nur notwendige, aber nicht hinreichende Bedingungen für eine theoretische Bestimmung des Kosmos. Hinreichend werden die Bedingungen erst durch zusätzliche Postulate über die Globalstruktur des Universums, die nicht aus den lokalen Gleichungen allein folgen.

Es werden drei Wege beschritten, um zu solchen globalen Postulaten zu gelangen:

1. Generalisation der Beobachtungen des uns zugänglichen Teiles des Universums auf den ganzen Kosmos,
2. Einführung von kosmologischen Postulaten (Isotropie, Homogenität, universelle Zeit), wie sie oben erklärt worden sind, und schließlich
3. Forderung der universellen Gültigkeit der lokalen Naturgesetze, präzisiert zu der Forderung der globalen Erfüllbarkeit der grundlegenden physikalischen Gleichungen in der Raum-Zeit-Welt.

Tatsächlich sind alle drei Wege gleichzeitig zu beschreiten, sie müssen sich gegenseitig abstützen und korrigieren. Man sieht auch, daß alle drei Wege die gemeinsame Grundlinie haben, daß es möglich ist, aus unseren notwendig beschränkten Erfahrungen auf das Universum als Ganzes zu schließen. Aus dieser Voraussetzung einer möglichen Extrapolation ergeben sich aber wiederum die praktischen und logischen Schwierigkeiten der Kosmologie. Die Extrapolation von Beobachtungsdaten über die Verteilung und Bewegung der Sternsysteme (Galaxien u. ä.) in dem uns zugänglichen Teil des Kosmos auf den Gesamtkosmos impliziert bestimmte Homogenitäts- und Isotropievorstellungen, die andererseits nur auf Grund von Beobachtungen nachprüfbar sind. Damit dieses Verfahren zu keinem circulus vitiosus führt, muß vorausgesetzt werden, daß der von uns durch Beobachtungen erschlossene Teil des Kosmos bereits einen wesentlichen Ausschnitt des Universums darstellt.[1])

Die im vorigen Abschnitt dargelegte Existenz von zwei Arten von „Horizonten", die eine prinzipielle Erfahrungsschranke darstellen, zeigt, daß diese Voraussetzung nicht unproblematisch ist.

Die in der Kosmologie noch am wenigsten durchgearbeitete, aber theoretisch wichtigste globale Voraussetzung ist die der globalen Erfüllbarkeit aller physikalischen Grundgleichungen, der EINSTEINschen Gravitationsgleichungen und der mit diesen gekoppelten Feldgleichungen für die übrigen physikalischen Felder (insbesondere die MAXWELLschen bzw. WEYLschen Gleichungen für die beiden weitreichenden Felder). Hierbei ist gleichzeitig zu fordern, daß die Feldquellen (gegeben durch den Materie-Tensor $T_{\mu\nu}$) physikalisch sinnvolle Zustandsgleichungen erfüllen und die Annahme über die Struktur von $T_{\mu\nu}$ mit den Ergebnissen der Quanten- und Elementarteilchenphysik verträglich sind.

Wir haben bereits im vorigen Abschnitt gesehen, daß die Forderung der Konsistenz der retardierten Lösungen der MAXWELLschen Gleichungen ein Auswahlprinzip für die kosmologischen Weltmodelle darstellt, das es nahelegt, die EINSTEINschen Gravitationsgleichungen durch den kosmologischen Term zu ergänzen. Die Untersuchung genügend allgemeiner zeitabhängiger Lösungen der EINSTEINschen Gleichungen führt zu einem analogen Resultat. Die in den beiden ersten Abschnitten dieses Kapitels diskutierten mathematischen Modelle für den Kosmos enthalten eine Singularität ($R = 0$) der EINSTEINschen Gleichungen in der Vergangenheit. Diese Singularität verbietet die Fortsetzung der Rechnung

[1]) Dies wird zum Beispiel von H. ALFVÉN und O. KLEIN bestritten, die dementsprechend zu einer von der relativistischen Kosmologie abweichenden Theorie der Metagalaxis gelangen, aus der aber die Existenz der Urstrahlung nicht herleitbar ist.

über ihren Zeitpunkt hinaus und bedeutet so eine Verletzung der globalen Gültigkeit der Grundgleichungen. Nun läßt sich die kosmologische Singularität in dieser speziellen Form durch allgemeinere Annahmen für den Bewegungszustand der kosmischen Materie vermeiden, wie dies in Abschn. 3.1 angedeutet wurde. Die über diese Frage durchgeführten Untersuchungen (J. R. Oppenheimer, L. D. Landau, E. M. Lifschitz, A. Avez, R. Penrose, S. W. Hawking u. a.) haben jedoch ergeben, daß dann für beinahe alle zeitabhängigen Lösungen der Einsteinschen Gleichungen Singularitäten auftreten, die ihrerseits die globale Erfüllung der Einsteinschen Gleichungen und damit die Gültigkeit der relativistischen Gravitationsgesetze zu allen Zeiten ausschließen.

Dieser Schluß kann nur dadurch vermieden werden, daß zunächst fremdartig anmutende Annahmen über den Zustand und die Bewegung der Materie im Kosmos gemacht oder daß schließlich die Einsteinschen Gleichungen geeignet modifiziert werden.

Das Ergebnis der mathematischen Analyse der zeitabhängigen Gleichungen mit der Materie ist nämlich, daß die Einsteinschen Gleichungen

$$R_{\alpha\beta} = -\varkappa\left(T_{\alpha\beta} - \frac{1}{2} g_{\alpha\beta} T^{\lambda}_{\lambda}\right) \tag{27}$$

keine allgemeinen zeitabhängigen Gravitationsfelder gestatten und somit auch keinen zeitabhängigen Kosmos, in dem zu allen Zeiten die Grundgleichungen der Physik erfüllt sind, wenn von den Einsteinschen Gleichungen auch nur die Bedingungen

$$R_{\alpha\beta} U^{\alpha} U^{\beta} \leqq 0, \qquad U^{\lambda} U_{\lambda} > 0 \tag{28}$$

gefordert werden. Hierbei ist $U^{\lambda}$ ein beliebiger zeitartiger Vektor. Diese Bedingung bedeutet aber nur, daß vorausgesetzt wird, daß die Energiedichte $T_{00}$ immer positiv ist und Zustandsänderungen innerhalb der Materie entsprechend dem Kausalitätsprinzip höchstens mit Lichtgeschwindigkeit erfolgen.

Voraussetzung dieses Nichtexistenzsatzes ist, daß es keine zeitartigen und lichtartigen Geodätischen gibt, die Endpunkte besitzen. Diese Voraussetzung erscheint physikalisch zunächst sehr plausibel, da die Geodätischen ja die Trägheitsbahnen von Körpern bzw. Quanten sind und der Endpunkt einer solchen Geodätischen das ursachenlose Entstehen bzw. Verschwinden von Körpern bzw. Quanten bedeuten würde, die sich längs einer solchen Geodätischen bewegen.

Eine genauere Diskussion zeigt aber, daß dieses Verhalten von Körpern nicht so unerwartet ist, wie es zunächst den Anschein hat. Die in Kapitel 2 geschilderte Auffassung, daß es Raum-Zeit-Bereiche $G$ gibt, in denen die Signatur definit ist, in denen also weder zeit- noch lichtartige Richtungen existieren, macht die Existenz solcher Geodätischen sogar zu einer mathematischen Notwendigkeit, da wegen der Nichtexistenz von zeit- und lichtartigen Richtungen keine zeit- oder lichtartigen Kurven in $G$ eindringen können. Sie enden entweder auf der Grenze der betreffenden Gebiete $G$ oder verlaufen asymptotisch zu ihnen. Bewegt sich z. B. ein Körper auf einer $G$ asymptotisch erreichenden Geodätischen, wobei er sich dem zeitlosen Weltbereich $G$ ständig annähert, so endet seine Weltlinie zwar nach endlicher Eigenzeit $T$; in bezug auf die kosmologische Weltzeit $t$ der Fundamentalbeobachter existiert der betreffende Körper trotzdem unendlich lange Zeit. Wegen der EINSTEINschen Rotverschiebung nimmt für diese Beobachter seine Geschwindigkeit ständig ab und die Zeit-Dilatation $\frac{dT}{dt} = \sqrt{g_{00}}$ ständig zu. Der Körper verschwindet für die Fundamentalbeobachter aber nie völlig aus dem kosmischen Raum.

Es ist also durchaus möglich, daß der zunächst befremdende Satz der Nichtexistenz von globalen zeitabhängigen Lösungen der EINSTEINschen Gravitationsgleichungen in Wahrheit ein Auswahlprinzip ist, das aus der Fülle der Globalstrukturen der Welt die physikalisch bedeutsamen auswählt, nämlich gerade solche, die sich dann ergeben, wenn die Quantenstruktur des Gravitationsfeldes auch in der Kosmologie berücksichtigt wird.

Eine andere Möglichkeit lesen wir direkt aus der Bedingung (28) ab. (28) ist dann nicht allgemein erfüllt, wenn der durch den kosmologischen Term erweiterte Ausdruck

$$R_{\alpha\beta} = -\varkappa\left(T_{\alpha\beta} - \frac{1}{2} g_{\alpha\beta} T^\lambda_\lambda\right) + \lambda\, g_{\alpha\beta} \qquad (29)$$

an die Stelle von (27) tritt und hierbei, wie im vorigen Abschnitt $\lambda > 0$ vorausgesetzt wird; denn in diesem Falle wird der Ausdruck $R_{\alpha\beta}\, U^\alpha\, U^\beta$ seine Vorzeichen ändern.

In der Tat haben schon vor über 40 Jahren LEMAÎTRE und EDDINGTON kosmologische Modelle mit $\lambda$-Term gefunden, die zu allen Zeiten singularitätsfrei sind. Da unter diesen Modellen sich auch solche finden, die einen Ereignishorizont besitzen, liegt es nahe, den Nichtexistenzsatz für die gewöhnlichen EINSTEINschen Gleichungen als Beweis für die Notwendigkeit der Einführung eines kosmologischen Terms $\lambda\, g_{\alpha\beta}$ (mit $\lambda > 0$) anzusehen.

Es sind auch noch andere Modifikationen und Erweiterungen der EINSTEINschen Gravitationstheorie vorgeschlagen worden, wie dies im Kapitel 2 schon erwähnt worden ist. Insbesondere haben P. JORDAN und später R. H. DICKE aus der projektiven Relativitätstheorie eine erweiterte Gravitationstheorie entwickelt, in der das Gravitationsfeld nicht durch 10 sondern durch 11 Komponenten beschrieben wird, indem zu den 10 Komponenten des metrischen Tensors $g_{ik}$ noch ein zusätzliches skalares Feld $\Phi$ tritt, das von JORDAN mit einer Variabilität der Gravitationskonstanten $\varkappa$ in Zusammenhang gebracht wurde. — Auch andere Modifikationen der EINSTEINschen Gleichungen wie die Einführung von Tetraden $h^A_\lambda$ anstelle des metrischen Tensors als Potentiale des Gravitationsfeldes erlauben globale zeitabhängige Gravitationsfelder ohne Singularität.

Wir sehen, daß die theoretische Kosmologie zwei verschiedene Fragestellungen umfaßt, die aber beide dasselbe Universum erfassen müssen:

Der erste Fragenkreis ist die Deutung der astronomischen Beobachtungen über die Verteilung und Bewegung der kosmischen Materie, also die extragalaktische astronomische Forschung. Die Deutung der Beobachtungen ist aber nicht hypothesenfrei. Je größere Raum- und damit Zeitbereiche die astronomischen Beobachtungen erfassen, umso mehr kosmologische Theorie wird zu ihrer Deutung gefordert.

Die zweite Fragestellung ist die nach den Bedingungen für eine globale Lösbarkeit der physikalischen Grundgleichungen, insbesondere der relativistischen Gravitationsgleichungen. Dies führt zu der Untersuchung der dazu notwendigen Anfangs- und Randbedingungen für das Universum und zu mathematischen Bedingungen für die Globalstruktur der Raum-Zeit. Die sich so ergebenden theoretischen Schlüsse müssen mit den Ergebnissen der extragalaktischen astronomischen Forschung verglichen und in Übereinstimmung gebracht werden. Dies erlaubt einerseits die Deutung der astronomischen Beobachtungen und führt andererseits zu einer Prüfung der zugrunde gelegten Theorie in bezug auf ihre globalen Konsequenzen. Insofern hat die kosmologische Forschung eine wesentliche Bedeutung für die Erkenntnis der physikalischen Grundgesetze. Aus der Kosmologie lassen sich im Prinzip Schlüsse für die gesamte Physik, insbesondere für die Theorie der schwachen weitreichenden Wechselwirkungen ziehen.

Auf diesen Zusammenhang hat wohl zuerst EDDINGTON hingewiesen, dem allerdings die Hierarchie der Wechselwirkungen und der Unterschied zwischen den schwachen weitreichenden und den starken nahen Wechselwirkungen unbekannt war. HEISENBERG hat kürzlich betont, daß die vollständige Theorie der schwachen Wechselwirkungen nur im Zusammenhang mit der Kosmologie aufgestellt werden kann und daß Feldtheorie und Kosmologie zwei sich ergänzende Aspekte der Wirklichkeit sind.

An den Höhepunkten der kosmologischen Forschung ergab sich der empirische Nachweis von aus der Theorie abgeleiteten Aussagen über Kinematik und Dynamik des Kosmos: die Flucht der Galaxien, die thermische Reststrahlung und wohl auch die Gerichtetheit der Zeit. Diese drei Fakten bestätigen insbesondere die aus der Theorie gefolgerte kosmische Evolution.

Die astronomischen Beobachtungen, vor allem der letzten Zeit, haben aber auch zu Entdeckungen geführt, die für die Kosmologie überraschend waren und deren Einordnung und Bedeutung noch nicht voll geklärt sind. Es sind dies die Entdeckungen der quasistellaren Objekte (quasistellare Radioquellen, quasistellare Galaxien). Es mag sein, daß diese Entdeckungen zu neuen theoretischen Einsichten führen, die auch Korrekturen der physikalischen Grundvorstellungen verlangen.[1])

[1]) Die quasistellaren Objekte scheinen genetisch und morphologisch mit den Kernen der gewöhnlichen Galaxien verwandt zu sein, d. h., sie sind sehr kompakte Gebilde, die nur nahezu punktförmige Bilder liefern. Die Leistung ihrer Gesamtstrahlung (und erst recht ihre Strahlungsdichte) übertrifft jedoch die Leistung einer gewöhnlichen Galaxis um ein Vielfaches, wenn man voraussetzt, daß sich die quasistellaren Quellen tatsächlich in kosmologischen Entfernungen befinden.

Hierfür spricht insbesondere die Rotverschiebung ihrer Spektrallinien; unter den quasistellaren Objekten sind sie diejenigen kosmischen Objekte mit der höchsten Rotverschiebung überhaupt; es wurden Rotverschiebungen bis zu $z = \frac{\Delta\lambda}{\lambda} \approx 2{,}2$ gemessen. Werden diese Rotverschiebungen als kosmologische, d. h. als HUBBLE-Effekte, gedeutet, so bedeutet dies, daß diese quasistellaren Objekte weiter von unserer Erde entfernt sind als alle bekannten Galaxien und wir mit ihnen die kosmische Materie zu einer früheren Zeit sehen als bei allen anderen Beobachtungen. (Fortsetzung Seite 96)

# 4. Anhang

## Über die Möglichkeit einer Erweiterung oder Modifikation der relativistischen Gravitationstheorie

Im letzten Abschnitt des Kapitels 3 sowie im Abschnitt über die einheitlichen Feldtheorien wurde auf die Versuche hingewiesen, die EINSTEINsche Gravitationstheorie zu ergänzen und zu modifizieren. Das mathematische Fundament waren die Interpretationen von bestimmten allgemeinen geometrischen Objekten, die zur Aufstellung von einheitlichen geometrischen Feldtheorien angeführt worden waren, als Potentiale des Gravitationsfeldes. So wurden die 16 Komponenten des unsymmetrischen Tensors $g_{\alpha\beta} \neq g_{\beta\alpha}$ der pseudo-hermite-symmetrischen Feldtheorien von EINSTEIN und SCHRÖDINGER als Potentiale des Gravitationsfeldes gedeutet (D. SCIAMA). Das Gravitationsfeld wird dann durch einen unsymmetrischen Tensor 2. Stufe beschrieben, und die Quelle des Gravitationsfeldes ist ein im allgemeinen ebenfalls unsymmetrischer Materie-

---

Die Eigentümlichkeit der HUBBLE-Relation zwischen der Rotverschiebung und der scheinbaren Helligkeit der quasistellaren Objekte und die relative Häufigkeit der höchsten gemessenen Rotverschiebungen $z \approx 2$ könnte darauf hindeuten, daß die Expansionsgeschwindigkeit des Kosmos vor mehreren Milliarden Jahren wesentlich geringer war als heute. Eine solche Beschleunigung der Expansionsgeschwindigkeit mit wachsendem Weltalter läßt sich aus Weltmodellen ohne kosmologischen Term nicht herleiten. Dagegen ist eine derartige Beschleunigung zum Beispiel eine Konsequenz des LEMAÎTREschen Weltmodells, welches die Feldgleichungen mit $\lambda > 0$ befriedigt.

Vorausgesetzt also, daß die kosmologische Deutung, insbesondere der Quasars, berechtigt und die Häufung der Quasars mit einer Rotverschiebung $z \approx 2$ real ist, so könnte aus der neuesten Entwicklung der astronomischen kosmologischen Forschung eine beobachtungsmäßige Bestätigung des theoretisch geforderten kosmologischen Terms in den Gravitationsgleichungen entnommen werden.

Tensor. Ferner haben wir bemerkt, daß aus der projektiven Relativitätstheorie — bei Fortlassen des elektromagnetischen Feldes — eine erweiterte Gravitationstheorie entwickelt worden ist, bei der das Gravitationsfeld durch die 10 Komponenten des metrischen Tensors und zusätzlich durch ein skalares Potential bestimmt ist (JORDAN, DICKE). Schließlich wurden anstelle der 10 $g_{\mu\nu}$ die 16 Komponenten $h^A_\nu$ eines Tetradenfeldes — oder, was dasselbe ist — die 16 Komponenten eines metrischen Spinvektorfeldes $\sigma^\nu{}_{a\dot{b}}$ (hierbei bedeuten die $a, \dot{b} = 1,2$ die Spin-Indizes) als Gravitationspotentiale eingeführt und so die EINSTEINsche Feldtheorie mit Fernparallelismus zur Begründung einer Gravitationstheorie benutzt.

Als weitere Modifikation der allgemeinen Gravitationstheorie wurde von N. ROSEN 1940 vorgeschlagen, in die Theorie zusätzlich zu der das Gravitationspotential repräsentierenden RIEMANNschen Metrik $g_{\mu\nu}$ noch den metrischen Tensor der ebenen MINKOWSKIschen Raum-Zeit einzuführen. Dies erlaubt eine weitgehende Verallgemeinerung der EINSTEINschen Gleichungen, die von M. KOHLER (1952/53) diskutiert wurde. Die physikalische Idee dieser bimetrischen Gravitationstheorie ist, daß die durch das Gravitationspotential gegebene RIEMANNsche Metrik die Maßbestimmung für alle übrigen Felder und für die Materie ist, das Gravitationsfeld sich jedoch in einem ebenen MINKOWSKI-Raum ausbreitet.

Im Kapitel 2 haben wir nun gesehen, daß das empirische Fundament der EINSTEINschen Theorie das Prinzip der Äquivalenz von Trägheit und Schwere ist und daß EINSTEIN gezeigt hat, daß gemäß diesem Äquivalenzprinzip der Einfluß der Gravitation auf alle anderen Felder und auf die Materie durch die Einführung einer RIEMANNschen Metrik erfaßt wird, deren metrischer Tensor $g_{\mu\nu}$ eben das Gravitationspotential ist. Damit die erweiterten Gravitationstheorien physikalisch akzeptabel sind, müssen sie ebenfalls das Äquivalenzprinzip befriedigen, und die Beziehung zwischen metrischem Tensor und Gravitationspotential muß somit auch aus diesen erweiterten Theorien resultieren.

Es ist wahrscheinlich, daß durch dieses Kriterium die Interpretierung der pseudo-hermiteschen Feldtheorie als reine Gravitationstheorie ausgeschlossen ist. Hingegen sind alle anderen erweiterten Theorien – bei geeigneter Interpretation – mit dem Äquivalenzprinzip vereinbar. Für die bimetrische Feldtheorie liegt das auf der Hand[1]). Auch für die erweiterte Gravitationstheorie mit einem zusätzlichen skalaren Potential besteht wie etwa die Diskussion von DICKE gezeigt hat, eine Interpretationsmöglichkeit, die dem Äquivalenzprinzip genügt[2]). Schließlich bedeutet der Übergang vom metrischen Tensorfeld zu den Tetradenfeldern mathematisch eine Art Radizierung des metrischen Tensors. Für nichtspinorielle Materie wird auch in der Tetradentheorie der Einfluß der Gravitation durch den metrischen Tensor allein erfaßt, während für die Behandlung der gravischen Wechselwirkung mit Spinorfeldern auch in der allgemeinen Relativitätstheorie die Einführung von Tetraden- bzw. metrischen Spinvektorfeldern notwendig ist. In der Tat läßt sich eine Spinvektor-Theorie der Gravitation direkt aus der Gültigkeit des Äquivalenzprinzips für Spinorfelder herleiten (TREDER 1967)[3]).

Eine weitere notwendige Forderung an eine Gravitationstheorie ist, daß sie die NEWTONsche Theorie als Näherung enthalten muß. Wie im Kapitel 2 gezeigt, folgt bereits aus dem Äquivalenzprinzip die dynamische

[1]) Man vergleiche die Diskussion bei M. v. LAUE in: „Relativitätstheorie“, Bd. II, Kap. XII „Fortführung der allgemeinen Relativitätstheorie“.

[2]) Man vergleiche R. H. DICKE, "The many faces of Mach" in: "Gravitation and Relativity".

[3]) Man vergleiche hierzu die Diskussion in H. TREDER, Das Gravitationsfeld in der einheitlichen Quantenfeldtheorie, Monatsberichte der DAW 9 (1967) 82, und H. TREDER, Das makroskopische Gravitationsfeld in der einheitlichen Quantenfeldtheorie. Ann. Phys. 20 (1967).

Gleichung und aus dieser (für strukturlose Massenpunkte) das geodätische Bewegungsgesetz. Es ist daher noch nötig, daß die Gravitationsgleichungen das NEWTONsche Gravitationspotential als Grenzfall ergeben.

Hierzu ist zu fordern, daß für sehr große Entfernungen $r \to \infty$ von einem isolierten Körper die ebene MINKOWSKIsche Geometrie angenähert gültig ist und die Abweichung der Zeit-Zeit-Komponente $g_{00}$ des metrischen Tensors von dem MINKOWSKIschen Wert im wesentlichen das NEWTONsche Gravitationspotential darstellt:

$$g_{00} - 1 = 2\,\Phi(r) = -\frac{2\,f\,M}{c^2\,r}\,. \tag{1}$$

Unter Verwendung von krummlinigen sphärischen Polarkoordinaten entsprechend denjenigen von SCHWARZSCHILD ergibt sich hieraus als notwendig, daß für große Entfernungen von der gravitierenden Masse der metrische Tensor in der Form

$$g_{rr} = -\left(1 + \frac{2\,a}{r} + \cdots\right), \tag{2a}$$

$$g_{\varphi\varphi} = -r^2\,, \quad g_{\theta\theta} = -r^2 \sin^2\varphi\,, \tag{2b}$$

$$g_{00} = 1 + \frac{2\,b}{r} + \frac{2\,d}{r^2} + \cdots \tag{2c}$$

dargestellt werden kann[1]).

[1]) Mit den EINSTEINschen Gravitationsgleichungen mit kosmologischem Term sind diese Bedingungen nicht erfüllbar. Es muß hier an die Stelle der Forderung der asymptotischen Gültigkeit der MINKOWSKI-Metrik die Forderung der asymptotischen Gültigkeit der DE SITTER-Metrik treten. In der Tat ist die kugelsymmetrische Vakuumlösung der EINSTEINschen Gleichungen mit kosmologischem Term durch die WEYL-TREFFTZsche Metrik

$$ds^2 = \frac{-\,d\,r^2}{1 - \dfrac{2\,f\,M}{c^2\,r} - \dfrac{\lambda}{3}\,r^2} - r^2\,(d\varphi^2 + \sin^2\varphi\,d\Theta^2) + \left(1 - \frac{2\,f\,M}{r} - \frac{\lambda}{3}\,r^2\right) c^2\,dt^2$$

In (2) sind $a = \alpha M$, $b = \beta M$ und $d = \delta M^2$ (mit reinen Zahlen $\alpha$, $\beta$ und $\delta$) drei zunächst beliebige Konstanten. Die Bedingung liefert nun sofort die Deutung von $b$. Damit die NEWTONsche Theorie als Grenzfall resultiert, muß sein

$$b = -\frac{f}{c^2} M\,. \tag{3}$$

Die Gravitationsgleichungen geben im allgemeinen eine Beziehung zwischen $a$, $b$ und $d$, während die allgemeinen Gravitationstheorien über die Konstante $a$ in (2a) zunächst nichts aussagen.

Es ist nun eine Eigentümlichkeit der EINSTEINschen Gleichungen, daß sie als einzige kugelsymmetrische Lösung das SCHWARZSCHILDsche Linienelement

$$\begin{aligned} ds^2 = \frac{-\,dr^2}{1 - \dfrac{2f}{c^2}\dfrac{M}{r}} - r^2 (d\varphi^2 + \sin^2\varphi\, d\Theta^2) \\ + \left(1 - \frac{2f}{c^2}\frac{M}{r}\right) c^2\, dt^2 \end{aligned} \tag{4}$$

gestatten (Theorem von BIRKHOFF). In der EINSTEINschen Theorie haben wir also die Bezeichnungen

$$a = -b = \frac{fM}{c^2}\,, \quad d = 0; \text{ d. i. } \alpha = -\beta = 1\,, \quad \delta = 0\,, \tag{5}$$

gegeben, die für verschwindende gravitierende Masse $M$ in die Metrik

$$\begin{aligned} ds^2 = \frac{-\,dr^2}{1 - \dfrac{\lambda}{3} r^2} - r^2 (d\varphi^2 + \sin^2\varphi\, d\Theta^2) \\ + \left(1 - \frac{\lambda}{3} r^2\right) c^2\, dt^2 \end{aligned}$$

übergeht, welche isometrisch zur DE SITTERschen Metrik aus Abschn. 3.3 ist, d. h. dasselbe Linienelement in anderen Koordinaten darstellt. — Der DE SITTER-Raum besitzt als vierdimensionaler Raum konstanter Krümmung dieselbe maximale Parameterzahl 10 für die Bewegungsgruppe wie der MINKOWSKI-Raum.

und die kugelsymmetrische Lösung ist bestimmt, wenn die zentrale gravitierende Masse $M$ vorgegeben ist. In allen anderen Gravitationstheorien sind hingegen alle 3 Fälle

$a^2 < b^2$, $a^2 = b^2$, $a^2 > b^2$ und beide Vorzeichen für $a$ möglich.

Über die NEWTONsche Theorie hinaus führen die klassischen allgemein-relativistischen Effekte, nämlich EINSTEINS Rotverschiebung im Schwerefeld, die Lichtablenkung und die Perihel-Bewegung der Planeten. Der Wert der EINSTEINschen Rotverschiebung der Spektrallinien im Schwerefeld folgt aus der Dilatation

$$d\tau = \sqrt{g_{00}}\, dt \tag{6}$$

gemäß

$$\frac{\nu_{P_2}}{\nu_{P_1}} = \sqrt{\frac{g_{00}(P_1)}{g_{00}(P_2)}} = 1 + \Phi(P_1) - \Phi(P_2)\,. \tag{7}$$

Für alle Gravitationstheorien, die dem Äquivalenzprinzip genügen und eine NEWTONsche Näherung besitzen, ergibt sich also dieselbe Rotverschiebung.

Die Lichtablenkung läßt sich ausdrücken mit Hilfe eines von 1 verschiedenen Brechungsindex $n$ des Vakuums[1]).

Es gilt

$$n = \sqrt{\frac{g^{00}}{-g^{rr}}} = \sqrt{\frac{-g_{rr}}{g_{00}}} = 1 + \frac{a}{r} - \frac{b}{r}\,, \tag{8}$$

und hieraus folgt als Wert für die Lichtablenkung $\Delta_R$ durch die Sonne am Sonnenrand $r = R$

$$\Delta_R = 2\,(n-1) = \frac{2}{R}(-b+a) = 2\,(\alpha-\beta)\,\frac{f}{c^2}\frac{M}{R}\,. \tag{8a}$$

---

[1]) Vergleiche hierzu W. A. FOCK, Theorie von Raum, Zeit und Gravitation, § 59. — Durch über vier Milliarden Radar-Bestimmungen der Entfernungen Erde—Venus und Erde—Merkur (I. SHAPIRO 1966/68) ist die Abhängigkeit der Vakuum-Lichtgeschwindigkeit vom Gravitationsfeld der Sonne sehr direkt bestätigt worden.

In der EINSTEINschen Theorie bedeutet dies gerade

$$\Delta_R = 4 \frac{f}{c^2} \frac{M}{R} . \tag{8b}$$

Für die Berechnung der Perihel-Bewegung $\Delta\varphi$ muß auch der Term $\frac{2d}{r^2} \sim \frac{M^2}{r^2}$ in (2c) mitgenommen werden, da es sich hier um einen nichtlinearen Effekt handelt. Für die allgemeine Metrik (2) liefert die Rechnung[1])

$$\delta\varphi = Z \frac{f}{c^2} M \frac{2\pi}{\varrho(1-e^2)}$$ ($\varrho$ — große Halbachse, $e$ — numerische Exzentrizität) (9a)

mit dem von $a$, $b$ und $d$ abhängigen numerischen Faktor

$$Z = -2\beta\left(-\beta + \frac{\alpha}{2}\right) - \delta . \tag{9b}$$

Hieraus folgt in der EINSTEINschen Theorie

$$Z = 2\left(1 + \frac{1}{2}\right) = 3 . \tag{9c}$$

Ein empirischer Vergleich der EINSTEINschen Theorie mit den anderen Gravitationstheorien ist also (von kosmologischen Konsequenzen abgesehen) nur über die Lichtablenkung und die Perihel-Bewegung möglich, wobei in den modifizierten Gravitationstheorien außer der SCHWARZSCHILDschen Konstanten $M$ noch eine weitere, zunächst frei verfügbare Konstante $a$ eingeht, so daß diese Theorien nicht je einen Wert für Lichtablenkung und Perihel-Bewegung, sondern nur eine Beziehung zwischen beiden Effekten liefern[2]).

[1]) Vergleiche die Diskussion bei P. JORDAN, Schwerkraft und Weltall, H.-Y. CHIU und W. F. HOFFMANN in: „Gravitation and Relativity" und besonders bei E. LIEBSCHER in: „Lichtablenkung und Perihel-Bewegung in geometrischen Gravitationstheorien", Monatsberichte der DAW **9** (1967).

[2]) Theoretisch läßt sich die Konstante $a$ eventuell mit Hilfe von Anschlußbedingungen der Vakuumlösung an die innere Lösung unter Zugrundelegung eines konkreten Sonnenmodells berechnen. Dies hängt von der Struktur der betrachteten Theorie ab.

Nun ist die Lichtablenkung nicht sehr genau bekannt und ihr beobachteter Wert eventuell durch systematische Fehler sowie durch eine Refraktion des Lichtes in der äußeren Sonnenatmosphäre beeinflußt. Für die Perihel-Bewegung des Merkur ergibt sich der relativistische Effekt aus der kleinen Differenz der verschiedenen NEWTONschen Effekte (bewirkt durch die Störungen durch die Planeten) und dem beobachteten Wert. Bei Annahme einer exakt kugelsymmetrischen Massenverteilung in der Sonne stimmt diese Differenz bekanntlich außerordentlich gut mit dem EINSTEINschen Wert für die Perihel-Bewegung überein. Hingegen sind für die übrigen inneren Planeten die überschüssigen Perihel-Bewegungen sehr viel kleiner als beim Merkur und viel weniger exakt bekannt, so daß das Zutreffen oder Nichtzutreffen der EINSTEINschen Werte hier nicht entscheidbar ist. Neuerdings ist nun von DICKE darauf aufmerksam gemacht worden, daß es zumindest keinen Beweis für eine exakt kugelsymmetrische Massenverteilung in der Sonne gibt, so daß ein eventuelles Quadrupolmoment der Sonne einen Beitrag zur Perihel-Bewegung des Merkur liefern könnte, und daß wir daher den NEWTONschen Betrag der Perihel-Bewegung gar nicht exakt kennen. — Die Gravitationstheorien besitzen also eine größere Bewegungsfreiheit als früher angenommen wurde[1]).

Eines der Ziele — oder zumindest ein erwünschtes Ergebnis — der modifizierten Gravitationstheorien ist die Vermeidung von Singularitäten in der Form des Gravitationskollaps (oder „Anti-Kollaps") und somit die globale Existenz von genügend allgemeinen zeitabhängigen Gravitationsfeldern ohne Singularität. Wir haben in Kapitel 3 gesehen, daß die einfachste Modifi-

---

[1]) Man vergleiche hierzu die Diskussion bei DICKE: The theoretical significance of experimental relativity, 1964, und die Bemerkungen von JORDAN in: „Die Expansion der Erde", 1967, Kap. I „Die Diracsche Hypothese".

kation der EINSTEINschen Gleichungen, die so etwas liefert, die von EINSTEIN bereits 1917 vorgenommene Einführung eines kosmologischen Terms mit $\lambda > 0$ in die Gravitationsgleichungen ist. Dieser Korrekturterm läßt sich anschaulich entweder als eine zusätzliche abstoßende Wirkung der Massen aufeinander deuten, oder — im Anschluß an alte Ideen von LAPLACE, C. NEUMANN und H. v. SEELIGER — als eine Absorption der Gravitation durch den leeren Raum.

Eine Absorption der Schwerkraft durch das Vakuum bedeutet in der klassischen Physik etwa die Ersetzung des NEWTONschen Potentials $\Phi \sim \frac{1}{r}$ durch das für $r \to \infty$ viel schneller verschwindende NEUMANNsche Potential

$$\psi \sim \frac{e^{-kr}}{r} \quad \text{mit} \quad k = \text{const.} \tag{10}$$

An die Stelle der LAPLACEschen Potentialgleichung

$$\Delta\Phi = 0$$

tritt dann die Potentialgleichung

$$\Delta\psi - k^2\psi = 0\,. \tag{11}$$

(11) ist in gewisser Hinsicht ein Analogon zu den EINSTEINschen Gleichungen mit kosmologischem Term. Jedoch besteht diese Analogie nur sehr bedingt, da die kugelsymmetrische Vakuumlösung der kosmologischen Gravitationsgleichungen, die WEYL-TREFFTZsche Metrik, ein völlig anderes Verhalten als das NEUMANNsche Potential aufweist.

Die Möglichkeit, daß andere Modifikationen der EINSTEINschen Gleichungen einen Gravitationskollaps u. ä. ausschließen, kann sich dadurch ergeben, daß diese Theorien — ebenfalls anschaulich gesprochen — eine Absorption (Abschirmung) der Gravitation durch die Materie einschließen, so daß bei sehr großen und sehr dichten Massenanhäufungen die resultierende Schwerkraft kleiner wird als die aus der NEWTONschen oder

EINSTEINschen Theorie folgende. Möglichkeiten eines empirischen Nachweises eines solchen Abschirmeffektes mit Hilfe von himmelsmechanischen oder gravimetrischen Untersuchungen wurden bereits 1912 von K. F. BOTTLINGER[1]) diskutiert. Es wäre interessant, BOTTLINGERS Überlegungen auf der Basis der relativistischen Gravitationstheorie neu zu diskutieren.[2])

Die Singularitäten der zeitabhängigen Gravitationsfelder von der Art eines Gravitationskollaps brauchten auch dann nicht aufzutreten, wenn im Kosmos außer positiven auch negative schwere Massen existieren, denn dann wird die Energiedichte $T_{00}$ im Kosmos indefinit und die Ungleichung (3.28) ungültig. Entsprechend dem Äquivalenzprinzip haben aber die Körper mit negativer Gravitationsladung auch eine negative träge Masse. Dies führt zu Anomalien in den Zustandsgleichungen und der Dynamik dieser Körper (H. BONDI, B. HOFFMANN). Z. B. stoßen negative Massen sowohl negative als positive Massen ab und werden ihrerseits von positiven Massen angezogen. – Zur Zeit gibt es keine empirischen Hinweise für die Existenz negativer Massen im Universum.[3])

[1]) K. F. BOTTLINGER, Die Gravitationstheorie und die Bewegung des Mondes, Freiburg i. Br. 1912.

[2]) Die von TREDER a.a.O. (Fußnote [3]) auf S. 98) vorgeschlagene Spinvektor-Theorie der Gravitation liefert derartige Abschirm-Effekte als Folge der potentialartigen Kopplung der Spinvektorfelder mit dem Materietensor. Daher gibt es in dieser Theorie weder eine kosmologische Singularität noch einen Gravitationskollaps.

[3]) Die Teilchen der Anti-Materie haben positive Massen (s. o. Abschn. 3.2).

## Literatur

Das Literaturverzeichnis enthält Bücher, die zu den klassischen Werken der Relativitätstheorie gehören oder für das weiterführende Studium besonders wichtig und geeignet sind. Die zitierten alten Werke sind sämtlich klassische Schriften, die zwar in Einzelheiten zu ergänzen und zu berichtigen, in ihrem wesentlichen Inhalt aber von unveränderter Bedeutung sind.

Der ✱ bezeichnet Bücher, die sich – mit verschiedenem Schwierigkeitsgrad – an einen breiten Leserkreis wenden. Die mit einem + bezeichneten Bücher sind lehrbuchartig gehalten. (Beide Markierungen sind aber nicht zu ernst zu nehmen.) Die Bücher, vor denen ein # steht, enthalten umfassende Bibliographien von Originalarbeiten.

Die am Ende des Verzeichnisses in chronologischer Reihenfolge aufgeführten Sammelbände spiegeln die Entwicklung der Relativitätstheorie in den letzten Jahren besonders deutlich wider.

Eine ausführliche Bibliographie von älteren Arbeiten gibt:

J. T. Combridge, Bibliography of relativity and gravitation theory. King's College London 1965.


★ Alfvén, H., Antimaterie und Kosmologie. Frankfurt a. M. 1967.

✱ Ambarzumjan, V. A., Das Weltall. Leipzig 1953.

# Arzelies, H., Relativité generalisée, gravitation. Vol. I u. II, Paris 1961 u. 1963.

+ Bergmann, P. G., Introduction to the theory of relativity. New York 1942.

Birkhoff, G. D., Relativity and modern physics. Cambridge 1923.

✱ D. Bohm, D., The special theory of relativity. New York und Amsterdam 1965.

# Bondi, H., Cosmology. 2. Ed., Cambridge 1960.

✱ Bondi, H., Bonnor, W., Lyttleton, R. A. und Whittrow, G. J., Rival theories of cosmology. London 1960.

✱ Bonnor, W., The mystery of the expanding universe. London 1965.

✱ Born, M., Die Relativitätstheorie Einsteins. 4. Aufl., Berlin und Heidelberg 1964.

✱ Bridgman, P. W., A sophisticate's primer of relativity. New York 1964.

Dicke, R. H., The theoretical significance of experimental relativity. New York 1964.

✱ Eddington, A. S., Raum, Zeit und Schwere. Braunschweig 1923.

Eddington, A. S., The mathematical theory of relativity. Cambridge 1923.

✱ Eddington, A. S., The expanding universe. Cambridge 1933.

Eddington, A. S., Fundamental theory. Cambridge 1953.

✱ Einstein, A., Über spezielle und allgemeine Relativitätstheorie. 10. Aufl., Braunschweig 1920.

Einstein, A., Äther und Relativitätstheorie. Berlin 1920.

✱ Einstein, A., Geometrie und Erfahrung. Berlin 1921.

Einstein, A., The meaning of relativity. London 1951.

✱ Einstein, A., Aus meinen späten Jahren. Stuttgart 1952.

✱ Einstein, A. und Infeld, L., Die Evolution der Physik. Hamburg 1956.

✱ Einstein, A., Mein Weltbild. Berlin 1957.

Einstein, A., Grundzüge der Relativitätstheorie. Braunschweig 1956.

+ Fock, V. A., Theorie von Raum, Zeit und Gravitation. Berlin 1960.

Harrison, B. K., Thorne, K. S., Wakaneo, M. und Wheeler, J. A., Gravitation theory and gravitation collapse. Chicago 1965.

✱ Havas, P., Foundation problems in general relativity. In: Delaware seminar in the foundations of physics. Berlin, Heidelberg, New York 1967.

\# HEISENBERG, W., Einführung in die einheitliche Feldtheorie der Elementarteilchen. Stuttgart 1967.

\# HLAVATÝ, V., Geometry of Einstein's unified field theory. Groningen (o. J.).

✱ HOYLE, F., Die Natur des Universums. Köln und Berlin 1952.

✱ HUBBLE, E., Das Reich der Nebel. Braunschweig 1938.

\# INFELD, L. und PLEBASKI, J., Motion and relativity. Warschau 1960.

JEANS, J., Astronomy and cosmology. Cambridge 1928.

JORDAN, P., Schwerkraft und Weltall. 2. Auflage, Braunschweig 1955.

\# JORDAN, P., Die Expansion der Erde, Braunschweig 1967.

\# KREISEL, E., LIEBSCHER, E. und TREDER, H., Zur Quantengeometrodynamik, Berlin 1967.

✱ LANCZOS, C., Albert Einstein and the cosmic world order. New York, London, Sidney 1965.

\+ LANDAU, L. D. und LIFSCHITZ, E. M., Klassische Feldtheorie. 2. Aufl., Berlin 1963.

\+ v. LAUE, M., Die Relativitätstheorie. Bd. I u. II, Braunschweig 1950 und 1953.

LEMAÎTRE, G., L'atome primitive. Genf 1948.

LICHNEROWICZ, A., Theories relativistes de la gravitation et de l'electromagnetisme. Paris 1955.

LORENTZ, H. A., EINSTEIN, A., MINKOWSKI, H. und WEYL, H., Das Relativitätsprinzip. Leipzig 1922.

MACH, E., Die Mechanik in ihrer Entwicklung. 9. Aufl., Leipzig 1933.

✱ MILNE, E. A., Relativity, gravitation and world structure. Oxford 1935.

MILNE, E. A., Kinematic relativity. Oxford 1948.

\+ MØLLER, C., The theory of relativity. Oxford 1952.

\+ PAPAPETROU, A., Spezielle Relativitätstheorie. Berlin 1955.

PAULI, W., Theory of relativity, Pergamon Press 1958.

\# PETROW, A. S., Einstein-Räume. Berlin 1964.

\# PETROW, A. S., Neue Methoden in der allgemeinen Relativitätstheorie. Moskau 1966 (russ.).

+ RAINICH, G. Y., Mathematics of relativity. New York und London 1950.

✱ REICHENBACH, H., Philosophie der Raum-Zeit-Lehre. Berlin 1928.

✱ REICHENBACH, H., The direction of time. Berkeley 1956.

REICHENBACH, H., Axiomatik der relativistischen Raum-Zeit-Lehre. Neuauflage, Braunschweig 1965.

RIEMANN, B., Über die Hypothesen, welche der Geometrie zu Grunde liegen. Neuausgabe von H. WEYL, Berlin 1919.

✱ ROBB, A. A., The absolute relativity of time and space. Cambridge 1921.

✱ ROBB, A. A., Geometry of time and space. Cambridge 1956.

✱ RUSSELL, B., A B C of relativity. (Revidised Edition) London 1958.

SCHRÖDINGER, E., Space-time-structure. Cambridge 1950.

SCHRÖDINGER, E., Expanding universes. Cambridge 1956.

✱ SCIAMA, D. W., The unity of the universe. London 1959.

+ SYNGE, J. L., Relativity: The special theory. Amsterdam 1956.

#+ SYNGE, J. L., Relativity: The general theory. Amsterdam 1960.

TOLMAN, R. C., Relativity, thermodynamics and cosmology. Oxford 1934.

TONNELAT, M. A., Les theories unitaires de l'electromagnetisme et de la gravitation. Paris 1965.

TREDER, H., Gravitative Stoßwellen. Berlin 1962.

✱ UNSÖLD, A., Der neue Kosmos. Heidelberg 1967.

MC VITTIE, G. C., General relativity and cosmology. 2. ed., London 1965.

#✱ VOGT, H., Außergalaktische Sternsysteme und die Struktur der Welt im Großen. Leipzig 1960.

+ WEBER, J., General relativity and gravitational waves. New York 1961.

WEYL, H., Raum, Zeit, Materie. Berlin 1923.

WEYL, H., Mathematische Analyse des Raumproblems. Berlin 1923.

✱ WEYL, H., Philosophy of mathematics and natural science. Princeton 1949.

# WEYL, H., Selecta. Basel u. Stuttgart 1956.

WHEELER, J. A., Geometrodynamics. New York 1962.

✱ WHITROW, G. J., The natural philosophy of time. London and Edinburgh (o. J.).

✱ WHITTAKER, E., From Euclid to Eddington. New York 1958.

# Neueste Probleme der Gravitation. Herausgegeben von D. IWANENKO. Moskau 1961 (russ.).

✱ Einstein und die Entwicklung des mathematisch-physikalischen Denkens. Herausgegeben von A. T. GRIGORJAN, Moskau 1962 (russ.).

# Gravitation, an introduction in the current research. Herausgegeben von L. WITTEN. London und New York 1962.

Recent developments in general relativity. Pergamon Press 1962.

Gravitation and relativity. Herausgegeben von H.-Y. CHIU und W. F. HOFFMANN. New York und Amsterdam 1964.

Relativistic theories of gravitation. Herausgegeben von L. INFELD, Pergamon Press 1964.

Atti del convegno sulla relativity generale. Florenz 1965.

Lectures in general relativity. Engleword Cliffs 1965.

Entstehung, Entwicklung und Perspektiven der Einsteinschen Gravitationstheorie, Herausgegeben von H. TREDER. Berlin 1966.

Perspectives in geometry and relativity. Herausgegeben von B. HOFFMANN. Bloomington und London 1966.

Eine vollständige Bibliographie der Schriften Einsteins enthält der bedeutsame Band:

✱ Albert Einstein als Philosoph und Naturforscher. Herausgegeben von P. A. SCHILPP, Stuttgart (o. J.).

## Namenverzeichnis

## Sachverzeichnis

A. A. SOKOLOW

**Elementarteilchen**

(Übersetzung aus dem Russischen)

Bearbeitung der deutschen Ausgabe: Ulrich Kundt

(Wissenschaftliche Taschenbücher,
Reihe Mathematik und Physik)

2., unveränderte Auflage

1968. 95 Seiten – 14 Abbildungen – 5 Tabellen – 8° – 4,– M

Der Verfasser erläutert auf leicht verständliche Weise die gegenwärtig wichtigen Probleme der Elementarteilchenphysik: Das Antiteilchenproblem, die innere Struktur des Nukleons, die Nichterhaltung der Parität, die Symmetriegesetze der Wechselwirkungen und die Bildung von Resonanzzuständen. Er geht in seiner Darstellung auf die gesicherten Forschungsergebnisse der letzten Jahre ein und vermittelt die neuesten wesentlichen Erkenntnisse der Elementarteilchenphysik. Auf diesem Gebiet war bisher keine deutschsprachige Literatur erhältlich.

*Bestellungen durch eine Buchhandlung erbeten*

Ausführlicher Prospekt der gesamten Reihe wird auf Wunsch zugesandt.

PERGAMON PRESS · OXFORD
FRIEDRICH VIEWEG & SOHN · BRAUNSCHWEIG
AKADEMIE-VERLAG · BERLIN

*In der Reihe WTB Wissenschaftliche Taschenbücher ist erschienen:*

Von GERHARD HEBER

**Mathematische Hilfsmittel der Physik**

*Band I: 1968. 162 Seiten – 25 Abbildungen – 8° – Broschur*
*Band II: 1968. 152 Seiten – 4 Abbildungen – 2 Tabellen – 8° Broschur*

Diese beiden Bände wollen dem Physiker dabei helfen, rechtzeitig eine gute mathematische Ausbildung zu erwerben. Sie stellen jedoch kein Lehrbuch der Mathematik dar, vielmehr sind sie als Repetitorium derjenigen Teile der Mathematik aufzufassen, die für den Physiker besonders wichtig sind. Als Gedächtnisstütze etwa für Physikstudenten bei physikalischen und theoretisch-physikalischen Rechenübungen, aber auch bei selbständigen Rechnungen des im Beruf stehenden Physikers werden sie sehr nützlich sein. *Band I* behandelt Differential- und Integralrechnung; Vektor- und Tensorrechnung; Reihenentwicklungen; Ausgleichsrechnung; Matrizen, Determinanten, Operatoren; Funktionentheorie und *Band II* gewöhnliche Differentialgleichungen; partielle Differentialgleichungen; Integralgleichungen; Integraltransformationen; Variationsrechnung und Funktionalanalysis.

*Ihr Buchhändler hält alle Wissenschaftlichen Taschenbücher für Sie bereit!*

*Der Autor*

- **behandelt die relativistische Theorie von Raum und Zeit in Physik, Astronomie und Kosmos**
- **geht ein auf die neuen theoretischen und empirischen Forschungen in der Gravitationstheorie, der relativistischen Astrophysik und der Kosmologie**
- **wendet sich an einen allgemein naturwissenschaftlich, naturphilosophisch oder mathematisch interessierten Leserkreis**

WISSENSCHAFTLICHE TASCHENBÜCHER

www.ingramcontent.com/pod-product-compliance
Lightning Source LLC
LaVergne TN
LVHW092105300926
849161LV00002B/45